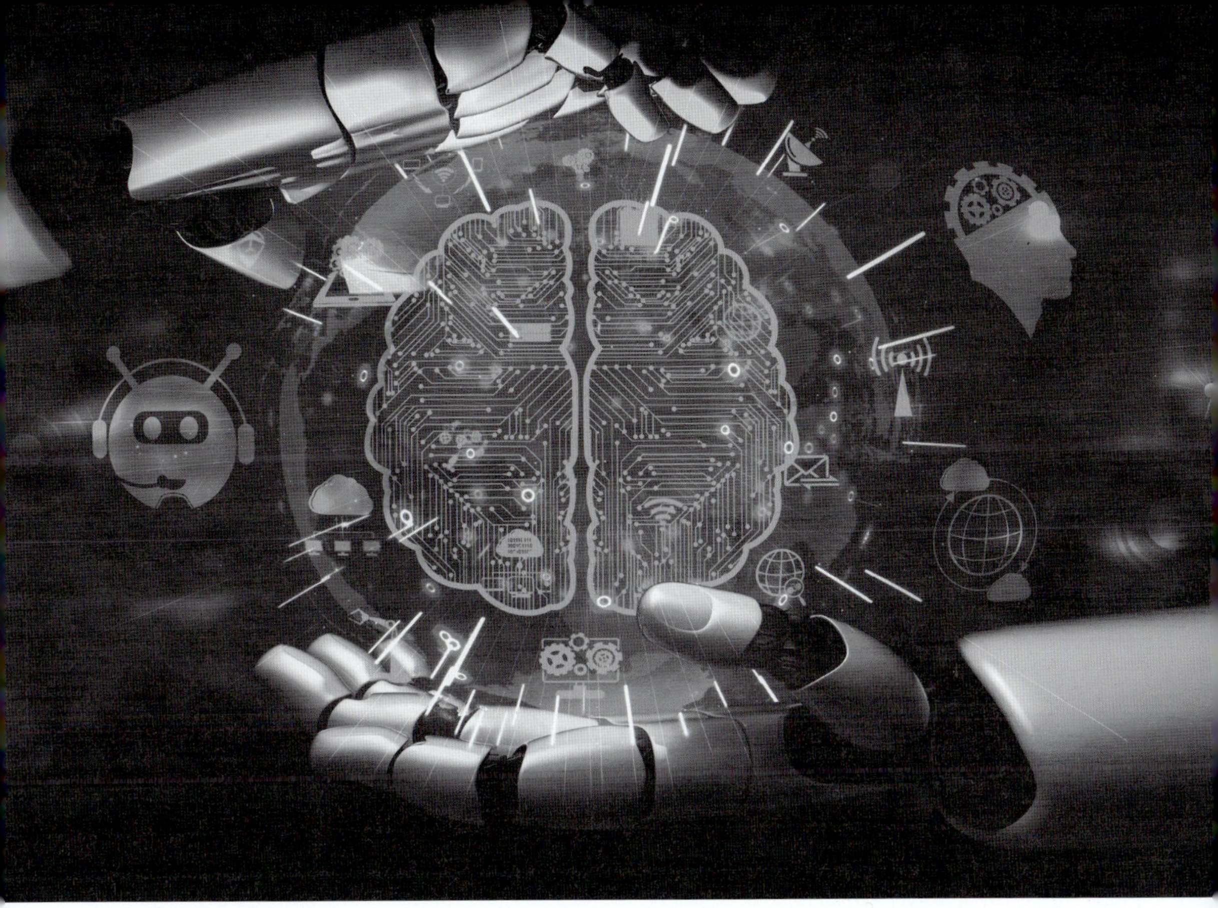

Introduction to Robotics

알기쉬운 로봇입문

유기호 지음

박영사

P R E F A C E

머리말

로봇은 기계공학, 전기전자공학, 컴퓨터과학 등이 교차하는 융합 분야로서 컴퓨터와 기반 기술의 비약적인 발전으로 제조업은 물론 일상생활 지원을 넘어 우주 및 심해탐사까지 활동 영역이 확대되고 있어 로봇에 대한 이해와 활용이 다양한 분야에서 요구되고 있다.

이 책은 로봇을 처음 접하는 독자의 눈높이에 맞추어 가능한 알기 쉽게 입문할 수 있도록 기술하는 한편, 로봇의 최근 흐름을 이해할 수 있도록 구성하였다. 오랫동안 로봇 교육과정의 핵심이었던 운동학과 동역학은 물론, 실제 구현을 위한 액추에이터와 센서, 그리고 최근 지능형 로봇에서 보편화된 로봇비전의 기초가 되는 영상처리와 로봇의 이동에 대해서도 기초적인 내용을 다루고 있다.

이 책은 특별히 학부 과정의 로봇 교재로 사용하기에 적합하도록 난이도와 구성을 고려하였다. 그간 로봇 교재의 대다수는 대학원생이나 학부 고학년생 정도의 배경지식이 필요한 수준으로 로봇을 처음 접하는 학생들이 진입하기에 어려움이 많았던 현실을 헤아려 대학 수학의 기초적인 지식이 있으면 접근할 수 있도록 편집하였다. 이를테면, 많은 학생이 어려움을 느끼는 로봇의 운동과 역학에 대해서도 수학 및 역학적인 엄밀한 전개보다는 기본개념의 이해에 중점을 두었으며, 동역학 모델링이나 액추에이터, 센서 등에 필요한 전기 및 제어의 기초적인 내용은 부록으로 정리하여 별도의 배경지식이 없어도 큰 어려움 없이 공부해 나갈 수 있도록 배려하였다.

로봇 교육과정에 필요한 내용들을 가능한 한 다루고자 하였으나 이는 알기 쉬운 입문서의 성격과 상충되는 욕심으로 이 한 권의 책으로 로봇을 이해하고 설계 또는 활용할 수 있는 능력을 갖추기에는 한계가 있으며, 심화 과정의 학습과 함께 해당 분야의 최신기술에 대한 관심과 이해가 필요하다. 모쪼록 이 책이 로봇의 진입 장벽을 해소하고 더 깊이 있는 공부와 세부 전문 분야에서 요구되는 기술개발의 길잡이가 될 수 있기를 기대한다.

끝으로, 이 책이 나오기까지 여러모로 협력해준 항공우주로봇실험실의 멤버들에게 감사를 드린다.

C O N T E N T S

차 례

부록 A | 전기기초 • 123

부록 B | 제어기초 • 136

제1장

로봇이란?

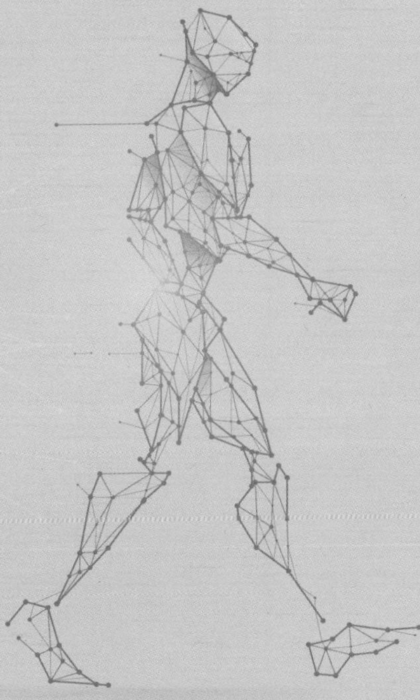

제1장

로봇이란?

로봇은 인간을 보방하여 외부 환경을 인식(perception)하고 상황을 판단(cognition)해서 자율적(autonomous)으로 동작(act)하는 기계 또는 시스템이라고 할 수 있다. 로봇이란 용어는 1920년 체코의 작가 카렐 차페크(Karel Capek)가 쓴 R.U.R(Rossum's Universal Robots)이라는 SF 희곡에서 인조인간을 지칭하면서 처음 사용되었으며, 이후 산업발전과 함께 자동차 용접로봇, 전자부품 조립로봇 등의 다양한 산업 분야에 적용되어 현재에 이르고 있다.

로봇의 분류에 있어서 RIA(Robotics Institute of America)와 JIRA(Japanese Industrial Robot Association)의 기준에 의하면 기능의 정도와 자율성에 따라 다음과 같이 나눌 수 있다.

① **Class 3:** Variable Sequence Robot(사전에 계획된 일련의 과정을 수행하지만 필요에 따라 가변적으로 수정할 수 있는 로봇)

② **Class 4:** Playback Robot(교시 로봇이라고도 하며, 인간 조종자의 수동작업을 기록하여 같은 동작을 반복하는 로봇)

③ **Class 5:** Numerical Control Robot(수치제어로봇으로 사용자의 프로그램에 따라 제어되는 로봇)

④ **Class 6:** Intelligent Robot(지능형 로봇으로 환경을 이해하고 주변 환경조건이 변화할 경우에도 성공적으로 주어진 작업을 수행하는 로봇)

최근 들어 로봇은 전통적인 활용 영역인 산업현장을 벗어나 주행, 보행 및 비행을 하는 이동로봇에서부터 우리의 일상속에서 인간과 공존하며 다양한 임무를 수행하는 서비스 로봇이 활용되고 있어, 오늘날 로봇이라 하면 통상 Class 6의 지능형 로봇을 지칭하는 것으로 인식되고 있다.

로봇의 활용 분야는 크게 제조업용과 서비스용으로 나눌 수 있다. 제조업용은 각 산업의 제조 현장에서 활용되는 로봇으로 자동차, 전자제품, 디스플레이, 반도체 등의 제조 및 조선 해양산업, 바이오 신약 등 산업 전반에 걸쳐 폭넓게 사용되고 있다.

한편, 서비스 로봇은 개인 서비스용과 전문 서비스용으로 구분할 수 있는데, 개인 서비스용은 인간의 일상생활 속에서 필요한 서비스를 제공하는 로봇으로 청소로봇, 보안 및 경비 로봇, 교육 및 엔터테인먼트 로봇, 헬스케어 및 재활 로봇, 가사 지원 로봇 등이 있다.

전문 서비스 로봇은 개인 서비스용과 달리 불특정 다수를 대상으로 서비스를 제공하며 인간이 하기 어렵거나 위험한 전문적인 작업을 수행하는 로봇으로 재난극복 및 사회 안전, 수술 및 의료, 건설작업, 스마트 팜, 원전 관리, 우주탐사, 해양수산 등의 분야에서 다양한 임무를 수행하고 있다.

로봇의 구성요소로는 인간의 두뇌에 해당하는 제어기 및 프로세서(controller & processor), 인식과 동작을 담당하는 센서와 액추에이터(sensor & actuator), 작업을 수행하는 머니퓰레이터 및 말단 장치(manipulator & end effector) 등의 대표적인 요소 이외에도 이동을 위한 메커니즘(rover, mobility mechanism), 그리고 이들을 통합 운용하기 위한 소프트웨어(software)가 있다.

제2장

로봇의 운동학

제2장

로봇의 운동학

1 순운동학(Forward Kinematics)과 역운동학(Inverse Kinematics)

순운동학과 역운동학

로봇 관절의 회전각으로부터 로봇 머니퓰레이터의 선단 위치와 자세를 구하는 과정을 순운동학이라고 하는 한편, 원하는 로봇 머니퓰레이터의 선단위치와 자세를 구현하기 위한 로봇 관절의 회전각을 구하는 과정을 역운동학이라고 한다. 순운동학의 해는 유일한 반면, 특정 선단위치와 자세구현을 위한 역운동학의 해는 2개 이상 복수로 존재할 수 있다.

그림 2.1과 같은 평면 3링크 머니퓰레이터의 손끝 위치(x, y) 및 자세각(α)과 관절각도(ϕ_1, ϕ_2, ϕ_3)의 기하학적인 관계는 다음과 같다.

$$x = l_1 \cos\phi_1 + l_2 \cos(\phi_1 + \phi_2) + l_3 \cos(\phi_1 + \phi_2 + \phi_3) \quad (2.1)$$

$$y = l_1 \sin\phi_1 + l_2 \sin(\phi_1 + \phi_2) + l_3 \sin(\phi_1 + \phi_2 + \phi_3) \quad (2.2)$$

$$\alpha = \phi_1 + \phi_2 + \phi_3 \quad (2.3)$$

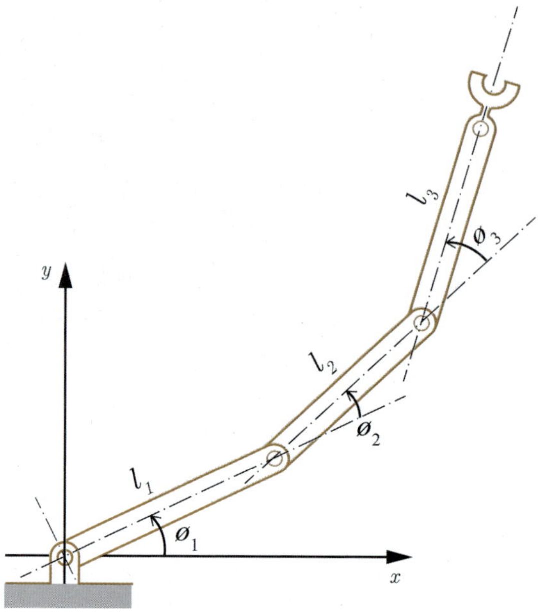

그림 2.1 평면 3링크 머니퓰레이터

3차원 공간상의 n 링크 머니퓰레이터의 운동학적인 기술

벡터해석 방법을 이용하여 체계적으로 표현하면 손끝 위치$(x,y)^T$를 다음과 같이 벡터의 회전과 평행이동으로 단계적으로 표현할 수 있다.

① 먼저 링크 l_3를 z축 주위로 ϕ_3만큼 회전하여 벡터 l^1이라 한다.

② 다음으로 벡터 l^1을 l_2만큼 평행이동하여 벡터 l^2라 한다.
(벡터 $l^2 = \phi_3$회전 $+ l_2$평행이동)

③ 이어서 벡터 l^2를 z축 주위로 ϕ_2만큼 회전하여 벡터 l^3라 한다.
(벡터 $l^3 = \phi_3$회전 $+ l_2$평행이동 $+ \phi_2$회전)

④ 같은 방법으로 벡터 l^3를 l_1만큼 평행이동하여 벡터 l^4라 한다.
(벡터 $l^4 = \phi_3$회전 $+ l_2$평행이동 $+ \phi_2$회전 $+ l_1$평행이동)

⑤ 마지막으로 벡터 l^4를 ϕ_1만큼 회전하여 손끝위치 벡터 l^5를 얻을 수 있다.
(벡터 $l^5 = \phi_3$회전 $+ l_2$평행이동 $+ \phi_2$회전 $+ l_1$평행이동 $+ \phi_1$회전)

위와 같이 로봇 머니퓰레이터의 손끝위치를 벡터의 회전과 평행이동을 단계적으로 적용하여 표현할 수 있다.

벡터의 회전

벡터의 회전(a)을 좌표축의 회전(b)으로 그림 2.2와 같이 나타낼 수 있으며, 단위 벡터 i, j와 i', j'의 관계를 이용하면 ϕ만큼 회전한 단위벡터 i', j'는 그림 2.3에 나타낸 것처럼 다음과 같이 얻어진다.

$$\boldsymbol{i}' = \boldsymbol{i}\cos\phi + \boldsymbol{j}\sin\phi \tag{2.4}$$

$$\boldsymbol{j}' = -\boldsymbol{i}\sin\phi + \boldsymbol{j}\cos\phi \tag{2.5}$$

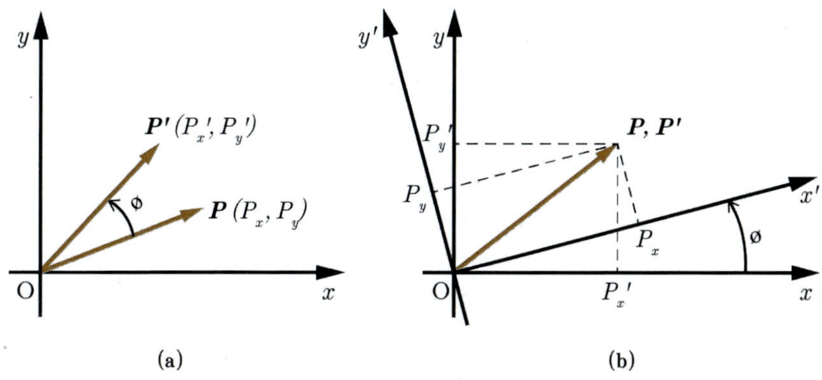

그림 2.2 벡터의 회전과 좌표축의 회전

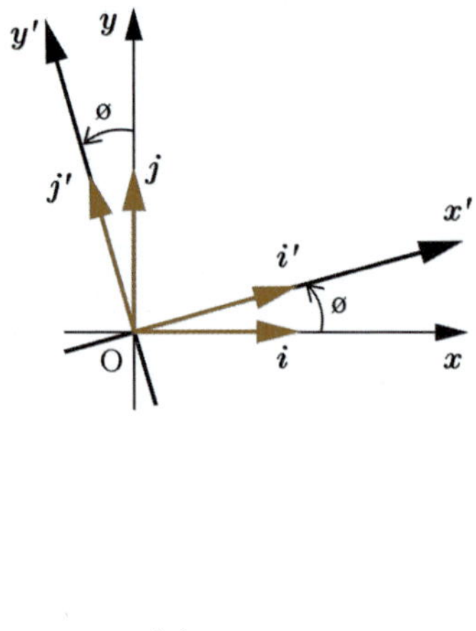

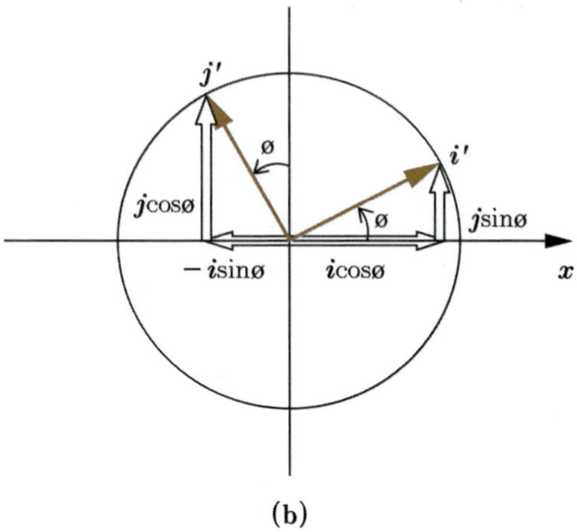

그림 2.3 단위 벡터 i, j와 i', j'의 관계

벡터 P가 ϕ만큼 회전하여 얻어진 벡터 P'은 다음과 같다.

$$\begin{aligned} \boldsymbol{P}' &= P_x \boldsymbol{i}' + P_y \boldsymbol{j}' \\ &= P_x(\boldsymbol{i}\cos\phi + \boldsymbol{j}\sin\phi) + P_y(-\boldsymbol{i}\sin\phi + \boldsymbol{j}\cos\phi) \\ &= (P_x\cos\phi - P_y\sin\phi)\boldsymbol{i} + (P_x\sin\phi + P_y\cos\phi)\boldsymbol{j} \\ &= P_x'\boldsymbol{i} + P_y'\boldsymbol{j} \end{aligned} \tag{2.6}$$

$$P_x' = P_x\cos\phi - P_y\sin\phi \tag{2.7}$$

$$P_y' = P_x\sin\phi + P_y\cos\phi \tag{2.8}$$

$$\boldsymbol{P}' = \begin{bmatrix} \cos\phi & -\sin\phi \\ \sin\phi & \cos\phi \end{bmatrix} \boldsymbol{P} = \boldsymbol{Rot}(\phi)\boldsymbol{P} \tag{2.9}$$

여기서, 행렬 $Rot(\phi)$는 회전행렬(Rotation Matrix)이다.

벡터 $P(P_x, P_y)^T$를 원점 O 주위로 각도 ϕ만큼 회전해서 생기는 벡터 $P'(P_x', P_y')^T$를 구하려면 벡터 P의 좌측에서 행렬 $Rot(\phi)$를 곱하면 된다 ($Rot(\phi)$는 정규직교 행렬(Orthonormal Matrix): 이 행렬에 의한 변환조작을 하여도 벡터 길이를 변화시키지 않음).

벡터의 평행이동

벡터 P를 x축, y축 방향으로 각각 l_x, l_y만큼 평행이동한 벡터 P'는 다음과 같다.

$$\boldsymbol{P'} = \boldsymbol{P} + \boldsymbol{l} \tag{2.10}$$

회전과 평행이동을 하는 벡터

앞에서 벡터의 회전과 평행이동을 이용하여 머니퓰레이터의 손끝 위치를 단계적으로 표현하는 것을 보였다. 이를테면, 링크 l_3가 ϕ_3만큼 회전하고 l_2만큼 평행이동한 위치벡터는

$$\begin{aligned} l^2 &= \boldsymbol{l_2} + \boldsymbol{Rot}(\phi_3)\boldsymbol{l_3} \\ &= \begin{bmatrix} l_2 \\ 0 \end{bmatrix} + \begin{bmatrix} \cos\phi_3 & -\sin\phi_3 \\ \sin\phi_3 & \cos\phi_3 \end{bmatrix} \begin{bmatrix} l_3 \\ 0 \end{bmatrix} = \begin{bmatrix} l_2 + l_3\cos\phi_3 \\ l_3\sin\phi_3 \end{bmatrix} \end{aligned} \tag{2.11}$$

으로 나타낼 수 있으며, 같은 방법을 단계적으로 적용하면 손끝 위치벡터 l^5는 다음과 같이 나타낼 수 있다.

$$\begin{aligned} l^5 &= \boldsymbol{Rot}(\phi_1)[\boldsymbol{l_1} + \boldsymbol{Rot}(\phi_2)\{\boldsymbol{l_2} + \boldsymbol{Rot}(\phi_3)\boldsymbol{l_3}\}] \\ &= \boldsymbol{Rot}(\phi_1)\boldsymbol{l_1} + \boldsymbol{Rot}(\phi_1)\boldsymbol{Rot}(\phi_2)\boldsymbol{l_2} + \boldsymbol{Rot}(\phi_1)\boldsymbol{Rot}(\phi_2)\boldsymbol{Rot}(\phi_3)\boldsymbol{l_3} \\ &= \boldsymbol{Rot}(\phi_1)\boldsymbol{l_1} + \boldsymbol{Rot}(\phi_1 + \phi_2)\boldsymbol{l_2} + \boldsymbol{Rot}(\phi_1 + \phi_2 + \phi_3)\boldsymbol{l_3} \\ &= \begin{bmatrix} C_1 & -S_1 \\ S_1 & C_1 \end{bmatrix} \begin{bmatrix} l_1 \\ 0 \end{bmatrix} + \begin{bmatrix} C_{12} & -S_{12} \\ S_{12} & C_{12} \end{bmatrix} \begin{bmatrix} l_2 \\ 0 \end{bmatrix} + \begin{bmatrix} C_{123} & -S_{123} \\ S_{123} & C_{123} \end{bmatrix} \begin{bmatrix} l_3 \\ 0 \end{bmatrix} \\ &= \begin{bmatrix} l_1C_1 + l_2C_{12} + l_3C_{123} \\ l_1S_1 + l_2S_{12} + l_3S_{123} \end{bmatrix} \end{aligned} \tag{2.12}$$

여기서

$$C_1 = \cos\phi_1, \quad C_{12} = \cos(\phi_1+\phi_2), \quad C_{123} = \cos(\phi_1+\phi_2+\phi_3)$$
$$S_1 = \sin\phi_1, \quad S_{12} = \sin(\phi_1+\phi_2), \quad S_{123} = \sin(\phi_1+\phi_2+\phi_3)$$

이렇게 얻어진 결과는 앞에서 기하학적으로 얻은 식 (2.1), (2.2)와 동일함을 확인할 수 있으며, 벡터의 회전과 평행이동 방법을 사용하여도 동일한 결과를 유도할 수 있음을 알 수 있다.

한편, 손끝 자세는 l^3가 차례대로 ϕ_1, ϕ_2, ϕ_3만큼 회전한 것이 되므로

$$\boldsymbol{Rot}(\phi_1)\boldsymbol{Rot}(\phi_2)\boldsymbol{Rot}(\phi_3)\boldsymbol{l_3} = \begin{bmatrix} C_{123} & -S_{123} \\ S_{123} & C_{123} \end{bmatrix}\begin{bmatrix} l_3 \\ 0 \end{bmatrix} = \begin{bmatrix} l_3 C_{123} \\ l_3 S_{123} \end{bmatrix} \tag{2.13}$$

과 같이 얻어지며, 손끝 자세를 나타내는 각도 α는

$$\alpha = \tan^{-1}\frac{S_{123}}{C_{123}} = \tan^{-1}\{\tan(\phi_1+\phi_2+\phi_3)\} = \phi_1+\phi_2+\phi_3$$

가 되어 식 (2.3)과 동일한 결과임을 알 수 있다.

이처럼, 손끝의 자세를 표현하는 행렬은

$$\boldsymbol{Rot}(\phi_1)\boldsymbol{Rot}(\phi_2)\boldsymbol{Rot}(\phi_3) = \begin{bmatrix} C_{123} & -S_{123} \\ S_{123} & C_{123} \end{bmatrix} \tag{2.14}$$

이며, 어느 벡터 $r = (r_x, r_y)^T$를 ϕ만큼 회전하고 그것을 $l = (l_x, l_y)^T$만큼 평행이동한 벡터 $r' = (r_x', r_y')^T$는 다음과 같이 나타낼 수 있다.

$$\boldsymbol{r}' = \boldsymbol{l} + \boldsymbol{Rot}(\phi)\boldsymbol{r} \tag{2.15}$$

<동차변환(Homogeneous Transformation) 행렬>

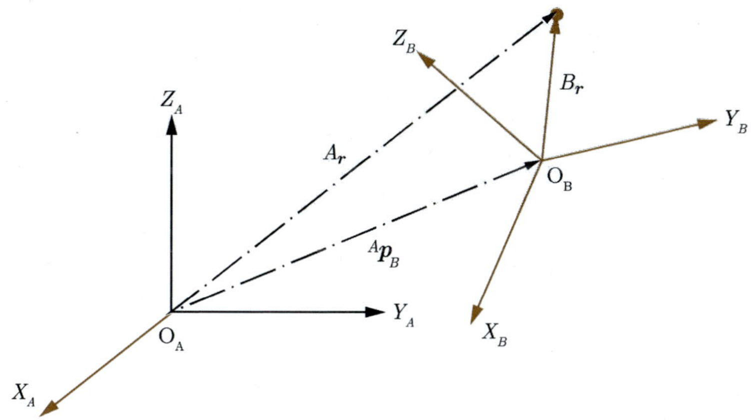

2개의 좌표계의 관계

그림의 좌표변환(평행이동 $^A\boldsymbol{p}_B$ 및 회전 $^A\boldsymbol{R}_B$)에서 $^B\boldsymbol{r}$로 표현되는 점 P는 다음과 같다.

$$^A\boldsymbol{r} = {^A\boldsymbol{R}_B}\,{^B\boldsymbol{r}} + {^A\boldsymbol{p}_B}$$

위의 관계를 반복해서 복수의 좌표계로 구성되는 기구의 선단의 위치를 기준 좌표계에 대한 위치로 나타내는 것이 가능하다.

예를 들면 x축, y축, z축에 대한 회전행렬은 다음과 같이 나타낸다.

$$\boldsymbol{R_X} = \begin{pmatrix} 1 & 0 & 0 \\ 0 & C_\theta & -S_\theta \\ 0 & S_\theta & C_\theta \end{pmatrix}$$

$$\boldsymbol{R_Y} = \begin{pmatrix} C_\theta & 0 & S_\theta \\ 0 & 1 & 0 \\ -S_\theta & 0 & C_\theta \end{pmatrix}$$

$$\boldsymbol{R_Z} = \begin{pmatrix} C_\theta & -S_\theta & 0 \\ S_\theta & C_\theta & 0 \\ 0 & 0 & 1 \end{pmatrix}$$

회전변환 3차원 벡터표현에 평행이동(병진변환) 요소를 1개 더함으로써 4차원 벡터로 표현하는 것이 가능하다.

$$\begin{pmatrix} {}^{A}\boldsymbol{r} \\ 1 \end{pmatrix} = \begin{pmatrix} {}^{A}\boldsymbol{R}_{B} & {}^{A}\boldsymbol{p}_{B} \\ 0 & 1 \end{pmatrix} \begin{pmatrix} {}^{B}\boldsymbol{r} \\ 1 \end{pmatrix}$$

동차변환 행렬 ${}^{A}\boldsymbol{T}_{B}$ 를 이용하면

$${}^{A}\boldsymbol{r} = {}^{A}\boldsymbol{T}_{B}\ {}^{B}\boldsymbol{r}$$

로 나타낼 수 있으며, 여기에서

$${}^{A}\boldsymbol{T}_{B} = \begin{pmatrix} {}^{A}\boldsymbol{R}_{B} & {}^{A}\boldsymbol{p}_{B} \\ 0 & 1 \end{pmatrix}$$

이다.

위와 같이 동차변환 행렬을 이용하면 회전과 병진의 좌표변환을 동시에 1개의 좌표변환 행렬로 표현하는 것이 가능하다.

2 자세각

3차원 공간상의 자세를 표현하는 대표적인 방법으로 오일러 각이 있으며, z축을 중심으로 회전한 각을 ϕ, 이후 회전된 y축을 중심으로 회전한 각을 θ, 다시 회전된 z축을 중심으로 회전한 각을 ψ라 한다. 그림 2.4에 오일러 각 ϕ, θ, ψ를 나타내고 있으며, 3차원 공간에 놓인 강체의 방향이나 자세는 오일러 각의 회전을 이용하여 얻을 수 있다.

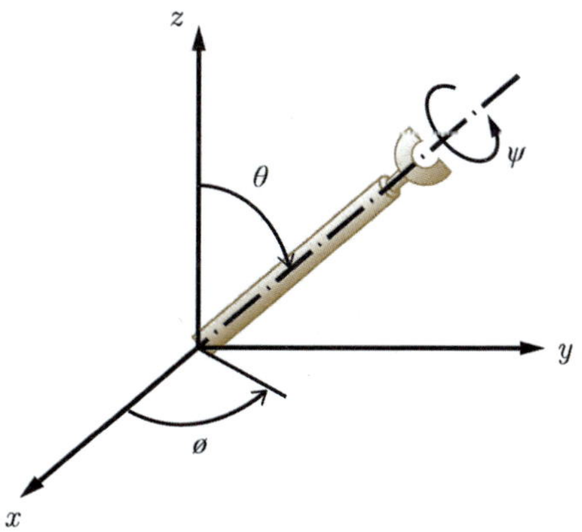

그림 2.4 x, y, z 좌표축과 오일러 각

$$\boldsymbol{Rot}(z,\phi)=\begin{bmatrix}\cos\phi & -\sin\phi & 0\\ \sin\ \phi & \cos\phi & 0\\ 0 & 0 & 1\end{bmatrix} \tag{2.16}$$

$$\boldsymbol{Rot}(y,\theta)=\begin{bmatrix}\cos\theta & 0 & \sin\theta\\ 0 & 1 & 0\\ -\sin\theta & 0 & \cos\theta\end{bmatrix} \tag{2.17}$$

$$\boldsymbol{Rot}(z,\psi)=\begin{bmatrix}\cos\psi & -\sin\psi & 0\\ \sin\ \psi & \cos\psi & 0\\ 0 & 0 & 1\end{bmatrix} \tag{2.18}$$

3 Denavit-Hartenberg [D-H] 표현

순운동학에서 관절 파라미터의 표현방법으로 Denavit-Hartenberg 표현이 있다. 그림 2.5와 같이 관절(joint)에 링크(link)가 조합되어 다음 관절로 이어지는 연결이 반복되어 다양한 구조 및 형태의 다관절 로봇을 구성하게 된다.

D-H 표현에 사용되는 변수는 다음과 같다.

θ: z축에 관한 회전

d: z축을 따라 이동한 거리

a: z축간 이동거리(Joint offset)

α: z축간 회전(Joint twist)

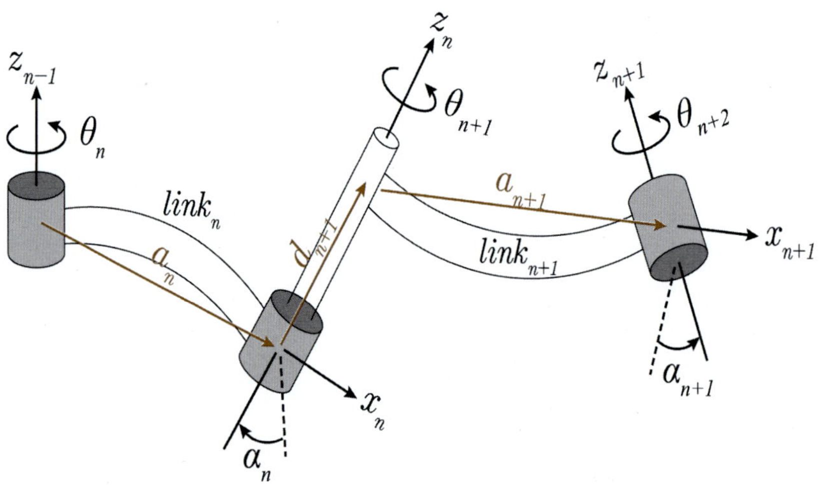

그림 2.5 로봇 관절과 링크의 연결조합

D−H 표현에 의한 좌표변환 단계(그림 2.6)를 정리하면,

(1) → (2): z_n축에 관해서 θ_{n+1} 만큼 회전

(2) → (3): z_n축을 따라서 d_{n+1} 만큼 평행이동(x_n과 x_{n+1}을 일치시킴)

(3) → (4): x_n축을 따라서 a_{n+1} 만큼 평행이동(x_n의 원점을 x_{n+1}로 이동)

(4) → (5): z_n축을 x_{n+1}축에 관해서 α_{n+1} 만큼 회전(z_n과 z_{n+1}을 일치시킴)

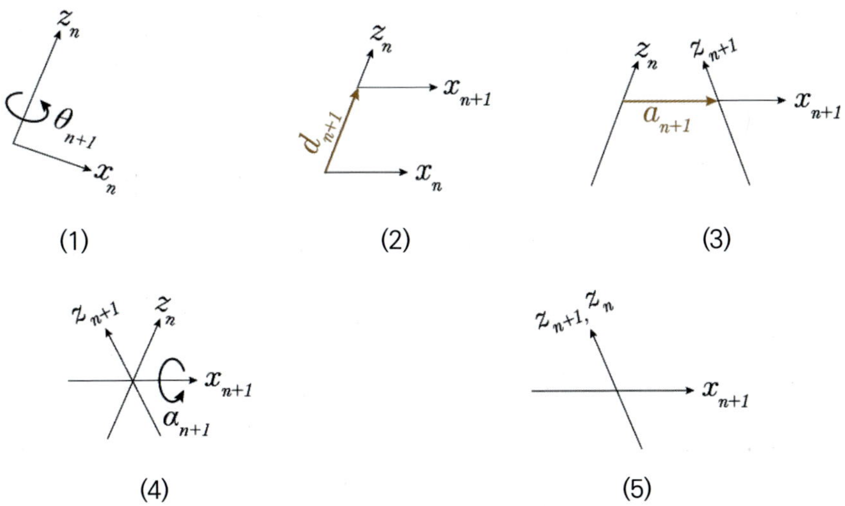

그림 2.6 D-H 표현에 의한 좌표변환단계

이상과 같은 좌표변환을 앞에서 배운 벡터의 회전과 평행이동 변환행렬의 조합으로 나타내면 다음과 같은 변환행렬을 얻을 수 있다.

$$
\begin{aligned}
{}^{n}T_{n+1} &= Rot(z,\theta_{n+1}) \times Trans(0,0,d_{n+1}) \times Trans(a_{n+1},0,0) \times Rot(x,\alpha_{n+1}) \\
&= \begin{bmatrix} C\theta_{n+1} & -S\theta_{n+1} & 0 & 0 \\ S\theta_{n+1} & C\theta_{n+1} & 0 & 0 \\ 0 & 0 & 1 & 0 \\ 0 & 0 & 0 & 1 \end{bmatrix} \times \begin{bmatrix} 1 & 0 & 0 & 0 \\ 0 & 1 & 0 & 0 \\ 0 & 0 & 1 & d_{n+1} \\ 0 & 0 & 0 & 1 \end{bmatrix} \times \begin{bmatrix} 1 & 0 & 0 & a_{n+1} \\ 0 & 1 & 0 & 0 \\ 0 & 0 & 1 & 0 \\ 0 & 0 & 0 & 1 \end{bmatrix} \times \begin{bmatrix} 1 & 0 & 0 & 0 \\ 0 & C\alpha_{n+1} & -S\alpha_{n+1} & 0 \\ 0 & S\alpha_{n+1} & C\alpha_{n+1} & 0 \\ 0 & 0 & 0 & 1 \end{bmatrix} \quad (2.19)
\end{aligned}
$$

$$
A_{n+1} = \begin{bmatrix} C\theta_{n+1} & -S\theta_{n+1}C\alpha_{n+1} & S\theta_{n+1}S\alpha_{n+1} & a_{n+1}C\theta_{n+1} \\ S\theta_{n+1} & C\theta_{n+1}C\alpha_{n+1} & -C\theta_{n+1}S\alpha_{n+1} & a_{n+1}S\theta_{n+1} \\ 0 & S\alpha_{n+1} & C\alpha_{n+1} & d_{n+1} \\ 0 & 0 & 0 & 1 \end{bmatrix}
$$

예제 그림과 같은 SCARA 머니퓰레이터의 말단(end-point)의 위치와 자세를 구하시오. (D-H table 및 변환 matrix 작성)

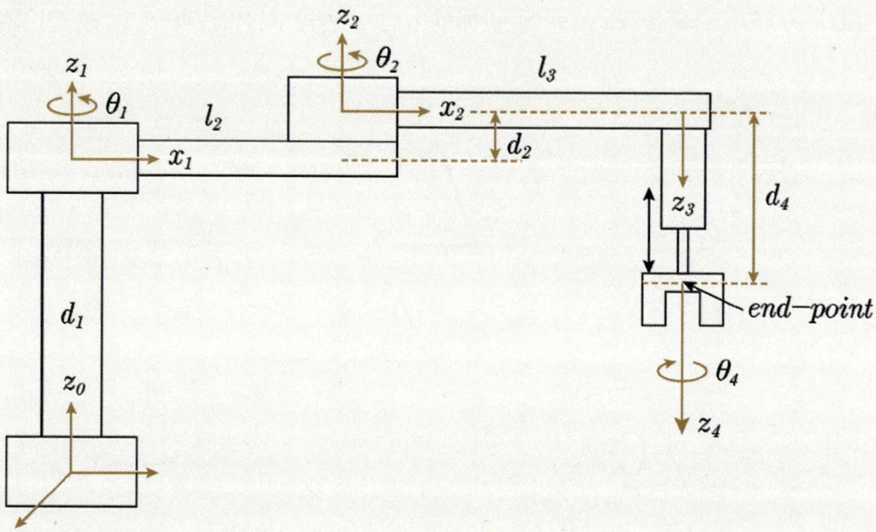

DH table

#	θ	d	a	α
1	θ_1	d_1	0	0
2	θ_2	d_2	l_2	0
3	0	0	l_3	180°
4	θ_4	d_4	0	0

변환 matrix

$$^{0}T_1 = A_1 = Rot(z, \theta_1) \times Trans(0, 0, d_1)$$

$$= \begin{bmatrix} C_1 & -S_1 & 0 & 0 \\ S_1 & C_1 & 0 & 0 \\ 0 & 0 & 1 & 0 \\ 0 & 0 & 0 & 1 \end{bmatrix} \times \begin{bmatrix} 1 & 0 & 0 & 0 \\ 0 & 1 & 0 & 0 \\ 0 & 0 & 1 & d_1 \\ 0 & 0 & 0 & 1 \end{bmatrix} = \begin{bmatrix} C_1 & -S_1 & 0 & 0 \\ S_1 & C_1 & 0 & 0 \\ 0 & 0 & 1 & d_1 \\ 0 & 0 & 0 & 1 \end{bmatrix}$$

$$^{1}T_2 = A_2 = Rot(z, \theta_2) \times Trans(0, 0, d_2) \times Trans(l_2, 0, 0)$$

$$= \begin{bmatrix} C_2 & -S_2 & 0 & 0 \\ S_2 & C_2 & 0 & 0 \\ 0 & 0 & 1 & 0 \\ 0 & 0 & 0 & 1 \end{bmatrix} \times \begin{bmatrix} 1 & 0 & 0 & 0 \\ 0 & 1 & 0 & 0 \\ 0 & 0 & 1 & d_2 \\ 0 & 0 & 0 & 1 \end{bmatrix} \times \begin{bmatrix} 1 & 0 & 0 & l_2 \\ 0 & 1 & 0 & 0 \\ 0 & 0 & 1 & 0 \\ 0 & 0 & 0 & 1 \end{bmatrix} = \begin{bmatrix} C_2 & -S_2 & 0 & C_2 l_2 \\ S_2 & C_2 & 0 & S_2 l_2 \\ 0 & 0 & 1 & d_2 \\ 0 & 0 & 0 & 1 \end{bmatrix}$$

$$^{2}T_3 = A_3 = Trans(l_3, 0, 0) \times Rot(x, 180^\circ)$$

$$= \begin{bmatrix} 1 & 0 & 0 & l_3 \\ 0 & 1 & 0 & 0 \\ 0 & 0 & 1 & 0 \\ 0 & 0 & 0 & 1 \end{bmatrix} \times \begin{bmatrix} 1 & 0 & 0 & 0 \\ 0 & -1 & 0 & 0 \\ 0 & 0 & -1 & 0 \\ 0 & 0 & 0 & 1 \end{bmatrix} = \begin{bmatrix} 1 & 0 & 0 & l_3 \\ 0 & -1 & 0 & 0 \\ 0 & 0 & -1 & 0 \\ 0 & 0 & 0 & 1 \end{bmatrix}$$

$$^{3}T_4 = A_4 = Rot(z, \theta_4) \times Trans(0, 0, d_4)$$

$$= \begin{bmatrix} C_4 & -S_4 & 0 & 0 \\ S_4 & C_4 & 0 & 0 \\ 0 & 0 & 1 & 0 \\ 0 & 0 & 0 & 1 \end{bmatrix} \times \begin{bmatrix} 1 & 0 & 0 & 0 \\ 0 & 1 & 0 & 0 \\ 0 & 0 & 1 & d_4 \\ 0 & 0 & 0 & 1 \end{bmatrix} = \begin{bmatrix} C_4 & -S_4 & 0 & 0 \\ S_4 & C_4 & 0 & 0 \\ 0 & 0 & 1 & d_4 \\ 0 & 0 & 0 & 1 \end{bmatrix}$$

$$\therefore\ ^{0}T_4 = {}^{0}T_1 \times {}^{1}T_2 \times {}^{2}T_3 \times {}^{3}T_4 = A_1 A_2 A_3 A_4$$

$$= \begin{bmatrix} C_4 C_{12} + S_4 S_{12} & S_4 C_{12} - C_4 S_{12} & 0 & C_{12}(l_2 + l_3) \\ C_4 S_{12} - S_4 C_{12} & -S_4 S_{12} - C_4 C_{12} & 0 & S_{12}(l_2 + l_3) \\ 0 & 0 & -1 & d_1 + d_2 - d_4 \\ 0 & 0 & 0 & 1 \end{bmatrix}$$

4 자코비안(Jacobian)

자코비안은 관절 각속도와 선단 속도와의 관계(미분관계)를 나타낸 것이다. 통상 손끝 좌표와 관절각도 좌표의 관계는 복잡한 비선형 대수방정식으로 표현되기 때문에 일반적으로는 해석적으로 푸는 것이 곤란하다. 이때 머니퓰레이터의 미분관계인 자코비안을 이용하여 문제를 해결할 수 있다.

앞서 그림 2.1의 3링크 평면 머니퓰레이터에서 관절 각속도와 손끝 좌표의 미분값의 관계는 다음과 같이 얻어진다.

$$\begin{aligned} \dot{x} &= -l_1\dot{\phi}_1 S_1 - l_2(\dot{\phi}_1+\dot{\phi}_2)S_{12} - l_3(\dot{\phi}_1+\dot{\phi}_2+\dot{\phi}_3)S_{123} \\ \dot{y} &= l_1\dot{\phi}_1 C_1 + l_2(\dot{\phi}_1+\dot{\phi}_2)C_{12} + l_3(\dot{\phi}_1+\dot{\phi}_2+\dot{\phi}_3)C_{123} \\ \dot{\alpha} &= \dot{\phi}_1+\dot{\phi}_2+\dot{\phi}_3 \end{aligned} \tag{2.20}$$

이를 행렬로 표현하면,

$$\begin{aligned} \dot{\boldsymbol{P}} &= \begin{bmatrix} \dot{x} \\ \dot{y} \\ \dot{\alpha} \end{bmatrix} = \begin{bmatrix} -l_1S_1 - l_2S_{12} - l_3S_{123} & -l_2S_{12} - l_3S_{123} & -l_3S_{123} \\ l_1C_1 + l_2C_{12} + l_3C_{123} & l_2C_{12} + l_3C_{123} & l_3C_{123} \\ 1 & 1 & 1 \end{bmatrix} \dot{\boldsymbol{\phi}} \\ &= \boldsymbol{J}\{\boldsymbol{\phi}(t)\}\dot{\boldsymbol{\phi}}(t) \end{aligned} \tag{2.21}$$

여기서 $P=(x,y,\alpha)^T$, $\phi=(\phi_1,\phi_2,\phi_3)^T$이며, J는 자코비 행렬(Jacobian Matrix)로서 머니퓰레이터가 운동하면 자코비 행렬이 변화한다.

한편, 자코비 행렬이 정칙(nonsingular: 행렬식이 0이 아닌, 즉 역행렬이 존재)이면

$$\dot{\boldsymbol{\phi}}(t) = \boldsymbol{J}\{\boldsymbol{\phi}(t)\}^{-1}\dot{\boldsymbol{P}}(t) \tag{2.22}$$

이 되어, 머니퓰레이터의 손끝 좌표의 미분값 $\dot{P}$(속도와 자세 각속도)를 실현하는 관절 각속도가 얼마면 되는가를 나타내준다. 즉, 원하는 손끝 좌표를 실현하는 관절 각도를 구할 수 있다.

분해속도제어(Resolved Motion Rate Control)

분해속도제어(RMRC)는 관절 각속도의 목표치 생성법으로 자코비안을 이용하여 원하는 손끝 좌표를 실현하는 관절 각속도의 목표치를 생성하는 과정을 반복하여 로봇 관절을 제어하는 대표적인 방법이다. 분해속도제어의 각 단계별 과정은 다음과 같다.

step 1: $t_i \rightarrow t_0$(현 시각 t_i를 초기시각 t_0로 설정한다.)

step 2: $\Delta\phi(t_i) = \boldsymbol{J}(\phi(t_i))^{-1}\Delta\boldsymbol{P}(t_i)$ (미소시간 Δt 사이에 변동할 손끝 좌표의 미소 변동량 $\Delta\boldsymbol{P}(t_i)$를 부여하고 자코비안을 계산하여 관절각도 변동량 $\Delta\phi(t_i)$를 구한다. Δt가 충분히 작을 경우 성립)

step 3: 관절 각도의 변동량 $\Delta\phi(t_i)$를 목표치로 하여 로봇제어계에 입력하면 Δt시간 후의 손끝 좌표 및 관절 각도가 구해진다.

$$\boldsymbol{P}(t_i + \Delta t) = \boldsymbol{P}(t_i) + \Delta\boldsymbol{P}(t_i)$$
$$\phi(t_i + \Delta t) = \phi(t_i) + \Delta\phi(t_i)$$

step 4: $t_i + \Delta t \rightarrow t_i$로 하여 step 2로 되돌아가 반복 계산

특이자세

행렬 J가 정칙(nonsingular)이 아닐 경우 $\det(J) = 0$ 이 되며, 이 조건이 성립하는 머니퓰레이터의 자세를 특이자세라고 한다.

그림 2.7의 2링크 머니퓰레이터의 자코비 행렬은

$$\boldsymbol{J} = \begin{bmatrix} -l_1S_1 - l_2S_{12} & -l_2S_{12} \\ l_1C_1 + l_2C_{12} & l_2C_{12} \end{bmatrix} \tag{2.23}$$

이때, 특이자세가 되는 조건은

$$\det(\boldsymbol{J}) = \det\begin{bmatrix} -l_1S_1 - l_2S_{12} & -l_2S_{12} \\ l_1C_1 + l_2C_{12} & l_2C_{12} \end{bmatrix} = l_1 l_2 \sin\phi_2 = 0 \tag{2.24}$$

이며, 따라서 $\phi_2 = n\pi(n = 0,1,2,\cdot\cdot\cdot)$일 때 특이자세가 된다.

특이자세의 물리적 의미를 검토해 보자.

ϕ_1을 0으로 하면($\phi_2 = 0,\pi$)

$$\dot{\boldsymbol{P}} = \begin{bmatrix} \dot{x} \\ \dot{y} \end{bmatrix} = \begin{bmatrix} 0 & 0 \\ l_1 + l_2 & l_2 \end{bmatrix} \begin{bmatrix} \dot{\phi}_1 \\ \dot{\phi}_2 \end{bmatrix} \tag{2.25}$$

이 되어 관절각속도 $\dot{\phi}_1$, $\dot{\phi}_2$로 어떠한 값을 취해도 x방향으로의 속도를 줄 수 없다는 것을 알 수 있다.

관절 각속도는

$$\dot{\phi} = \boldsymbol{J}^{-1}\dot{\boldsymbol{P}} = \frac{adj(\boldsymbol{J})}{\det(\boldsymbol{J})}\dot{\boldsymbol{P}} \tag{2.26}$$

로 얻어지며, 특이자세에서는 $\det(J)$ 가 0이므로 특이자세 근방에서는 매우 큰 관절 각속도를 발생해야 하며 이를 위해서는 매우 큰 관절 토크를 발생하지 않으면 안된다. 액추에이터의 부하를 고려하면 현실적으로 불가능하다. 이와 같은 특이자세에 대한 대응으로 특이자세가 적은 기구를 채용하는 기구설계 접근이나 특이자세 부근의 동작범위 제한 또는 여유자유도(redundant) 머니퓰레이터를 채용하는 제어 운용 접근이 있다.

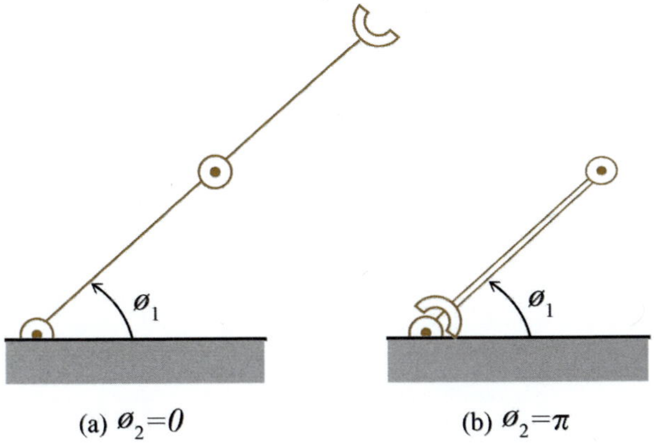

그림 2.7 2링크 머니퓰레이터의 특이자세

제3장

로봇의 동역학

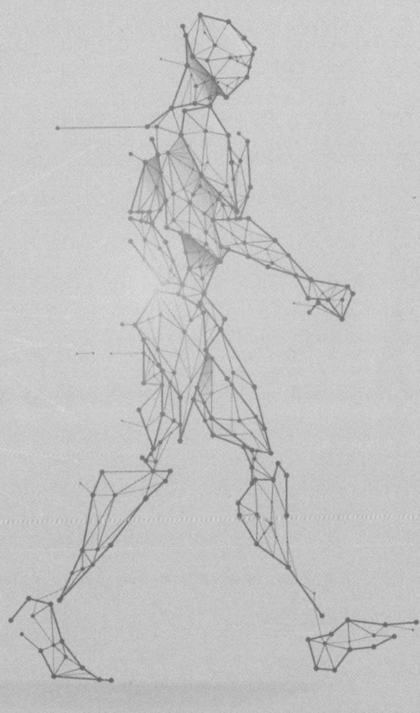

제3장

로봇의 동역학

1 라그랑주 운동방정식

로봇의 운동을 기술하기 위해서는 운동방정식의 도출이 필요한데, 라그랑주 방법과 뉴턴 오일러 방법이 있다. 라그랑주 방법은 에너지를 기본으로 해서 운동방정식을 도출하는 방법으로 체계적인 유도가 특징이며, 링크가 많은 다자유도 로봇 머니퓰레이터의 운동방정식을 기술하는데 유용하다.

시스템의 운동에너지(Kinetic energy)를 K, 위치에너지(Potential energy)를 P라고 하면, 라그랑지안(Lagarangian) L 및 병진운동과 회전운동에 관한 운동방정식은 다음과 같이 나타낼 수 있다.

$$
\begin{aligned}
L &= K - P \\
F_i &= \frac{d}{dt}\left[\frac{\partial L}{\partial \dot{x}_i}\right] - \frac{\partial L}{\partial x_i} \\
T_i &= \frac{d}{dt}\left[\frac{\partial L}{\partial \dot{\theta}_i}\right] - \frac{\partial L}{\partial \theta_i}
\end{aligned}
\tag{3.1}
$$

여기에서 F는 작용하는 힘의 합력(병진운동), T는 작용하는 토크의 총합(회전운동), x, θ는 각각의 시스템 변수이다.

이해를 돕기 위해서 그림 3.1과 같은 1 자유도 시스템의 힘－가속도 관계 유도를 통해서 라그랑주 역학과 뉴턴 역학을 비교해 보자.

그림 3.1　1 자유도 시스템

우선 라그랑주 역학의 경우 운동에너지(K)와 위치에너지(P), 라그랑지안(L)을 각각 구해서 위의 병진운동 방정식에 대입하면 다음과 같이 얻어진다.

$$K=\frac{1}{2}mv^2=\frac{1}{2}m\dot{x}^2,\ P=\frac{1}{2}kx^2$$
$$L=K-P=\frac{1}{2}m\dot{x}^2-\frac{1}{2}kx^2$$
$$\frac{\partial L}{\partial \dot{x}}=m\dot{x},\ \frac{d}{dt}(m\dot{x})=m\ddot{x},\ \frac{\partial L}{\partial x}=-kx$$
$$F=m\ddot{x}+kx$$

한편, 익숙한 뉴턴 역학의 경우는

$$\Sigma F=ma,\ F-kx=ma$$
$$F=ma+kx$$

와 같이 얻어져 방법은 다르나 같은 결과를 얻게 됨을 확인할 수 있다.

위와 같은 단순한 예제에서는 굳이 라그랑주 역학을 이용할 필요는 없으나 링크가 많은 다자유도 머니퓰레이터의 경우는 운동에너지와 위치에너지를 구하게 되면 이후는 체계적인 전개로 3차원 공간상의 운동을 비교적 용이하게 나타낼 수 있는 이점이 있다.

2 머니퓰레이터의 운동방정식

그림 3.2와 같은 평면 2링크 머니퓰레이터의 운동방정식을 라그랑주 역학을 이용하여 도출해 보자.

링크 1, 2의 중심위치, 속도를 구한 후 전체 시스템의 운동에너지(병진운동에너지 + 회전운동에너지)와 위치에너지를 구한다.

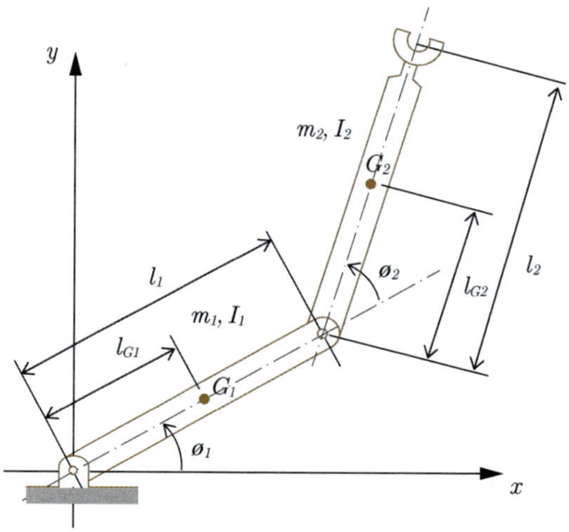

그림 3.2 평면 2링크 머니퓰레이터

링크 1의 중심위치 G1의 좌표는

$$x_{G1} = l_{G1}\cos\phi_1$$
$$y_{G1} = l_{G1}\sin\phi_1$$

이고 그 속도는 양변을 시간 t로 미분하여

$$\dot{x}_{G1} = -\dot{\phi}_1 l_{G1}\sin\phi_1, \quad \dot{y}_{G1} = \dot{\phi}_1 l_{G1}\cos\phi_1$$

이 된다. 따라서

$$\boldsymbol{v}_{G1}{}^T\boldsymbol{v}_{G1} = (\dot{x}_{G1},\ \dot{y}_{G1})^T(\dot{x}_{G1},\ \dot{y}_{G1}) = \dot{x}_{G1}{}^2 + \dot{y}_{G1}{}^2 = l_{G1}{}^2\,\dot{\phi}_1{}^2 \qquad (3.2)$$

이 된다. 중심 G2에 대해서도 동일하게 계산하면

$$x_{G2} = l_1 \cos\phi_1 + l_{G2}\cos(\phi_1 + \phi_2)$$
$$y_{G2} = l_1 \sin\phi_1 + l_{G2}\sin(\phi_1 + \phi_2)$$

이 되고 그 속도는

$$\dot{x}_{G2} = -\dot{\phi}_1 l_1 \sin\phi_1 - (\dot{\phi}_1 + \dot{\phi}_2) l_{G2} \sin(\phi_1 + \phi_2)$$
$$\dot{y}_{G2} = \dot{\phi}_1 l_1 \cos\phi_1 + (\dot{\phi}_1 + \dot{\phi}_2) l_{G2} \cos(\phi_1 + \phi_2)$$

이 된다. 따라서 $\boldsymbol{v}_{G2}{}^T \boldsymbol{v}_{G2}$는 다음과 같이 된다.

$$\boldsymbol{v}_{G2}{}^T \boldsymbol{v}_{G2} = l_1^2 \dot{\phi}_1{}^2 + l_{G2}{}^2 (\dot{\phi}_1 + \dot{\phi}_2)^2 + 2 l_1 l_{G2} \dot{\phi}_1 (\dot{\phi}_1 + \dot{\phi}_2) \cos\phi_2 \tag{3.3}$$

한편, 회전의 운동에너지는 중심 주위의 에너지를 생각하면 되므로 링크 j의 중심을 통과하는 z축의 관성 모멘트를 $\boldsymbol{I}_j$라고 하면 다음과 같이 얻어진다.

$$\frac{1}{2}\boldsymbol{\omega}_j{}^T \boldsymbol{I}_j \boldsymbol{\omega}_j = \frac{1}{2} I_j \omega_j{}^2 \tag{3.4}$$

위와 같은 준비를 거쳐 운동에너지를 구하면 다음과 같다.

$$\begin{aligned} T &= \frac{1}{2}\sum_{j=1}^{2}(m_j v_j^2 + I_j \omega_j^2) \\ &= \frac{1}{2} m_1 l_{G1}^2 \dot{\phi}_1^2 + \frac{1}{2} m_2 \left\{ l_1^2 \dot{\phi}_1^2 + l_{G2}^2 (\dot{\phi}_1 + \dot{\phi}_2)^2 + 2 l_1 l_{G2} \dot{\phi}_1 (\dot{\phi}_1 + \dot{\phi}_2) \cos\phi_2 \right\} \\ &\quad + \frac{1}{2}\boldsymbol{I}_1 \dot{\phi}_1^2 + \frac{1}{2}\boldsymbol{I}_2 (\dot{\phi}_1 + \dot{\phi}_2)^2 \end{aligned} \tag{3.5}$$

한편, 위치에너지는

$$\begin{aligned} U &= \sum_{j=1}^{2} m_j g y_j \\ &= m_1 g l_{G1} \sin\phi_1 + \mathrm{m}_2 g \{ l_1 \sin\phi_1 + l_{G2} \sin(\phi_1 + \phi_2) \} \end{aligned} \tag{3.6}$$

와 같이 얻어진다.

링크 1의 운동을 기술하기 위한 ϕ_1에 관한 계산과정은 다음과 같다.

$$\frac{\partial L}{\partial \dot{\phi}_1} = m_1 l_{G1}{}^2 \dot{\phi}_1 + m_2\{l_1{}^2\dot{\phi}_1 + l_{G2}{}^2(\dot{\phi}_1 + \dot{\phi}_2) + l_1 l_{G2}(2\dot{\phi}_1 + \dot{\phi}_2)\cos\phi_2\}$$
$$+ I_1\dot{\phi}_1 + I_2(\dot{\phi}_1 + \dot{\phi}_2)$$
$$= \{m_1 l_{G1}{}^2 + m_2(l_1{}^2 + l_{G2}{}^2) + 2m_2 l_1 l_{G2}\cos\phi_2 + I_1 + I_2\}\dot{\phi}_1$$
$$+ (m_2 l_{G2}{}^2 + m_2 l_1 l_{G2}\cos\phi_2 + I_2)\dot{\phi}_2$$

$$\frac{d}{dt}\left(\frac{\partial L}{\partial \dot{\phi}_1}\right) = \{m_1 l_{G1}{}^2 + m_2(l_1{}^2 + l_{G2}{}^2) + 2m_2 l_1 l_{G2}\cos\phi_2 + I_1 + I_2\}\ddot{\phi}_1$$
$$- 2m_2 l_1 l_{G2}\dot{\phi}_1\dot{\phi}_2\sin\phi_2 + (m_2 l_{G2}{}^2 + m_2 l_1 l_{G2}\cos\phi_2 + I_2)\ddot{\phi}_2$$
$$- m_2 l_1 l_{G2}\dot{\phi}_2{}^2\sin\phi_2$$

$$\frac{\partial L}{\partial \phi_1} = \frac{\partial T}{\partial \phi_1} - \frac{\partial U}{\partial \phi_1} = -\frac{\partial U}{\partial \phi_1}$$
$$= -m_1 g l_{G1}\cos\phi_1 - m_2 g\{l_1\cos\phi_1 + l_{G2}\cos(\phi_1 + \phi_2)\}$$

$$\frac{d}{dt}\left(\frac{\partial L}{\partial \dot{\phi}_1}\right) - \frac{\partial L}{\partial \phi_1} = \tau_1$$
$$\{m_1 l_{G1}{}^2 + m_2(l_1{}^2 + l_{G2}{}^2) + 2m_2 l_1 l_{G2}\cos\phi_2 + I_1 + I_2\}\ddot{\phi}_1$$
$$+ (m_2 l_{G2}{}^2 + m_2 l_1 l_{G2}\cos\phi_2 + I_2)\ddot{\phi}_2$$
$$- 2m_2 l_1 l_{G2}\dot{\phi}_1\dot{\phi}_2\sin\phi_2 - m_2 l_1 l_{G2}\dot{\phi}_2{}^2\sin\phi_2$$
$$+ m_1 g l_{G1}\cos\phi_1 + m_2 g\{l_1\cos\phi_1 + l_{G2}\cos(\phi_1 + \phi_2)\} = \tau_1$$

링크 2의 운동 ϕ_2에 관한 계산도 같은 방법으로 계산하여 벡터 행렬표현을 이용하면 다음 식과 같이 얻어진다.

$$\boldsymbol{H}(\phi)\ddot{\phi} + \boldsymbol{h}(\phi, \dot{\phi}) + \boldsymbol{g}(\phi) = \boldsymbol{\tau} \tag{3.7}$$

여기서,

$$\boldsymbol{\phi} = (\phi_1, \phi_2)^T, \qquad \boldsymbol{\tau} = (\tau_1, \tau_2)^T$$

$$\boldsymbol{H}(\phi) = \begin{bmatrix} I_1 + m_1 l_{G1}{}^2 + I_2 + m_2(l_1{}^2 + l_{G2}{}^2 + 2l_1 l_{G2} C_2) & I_2 + m_2(l_{G2}{}^2 + l_1 l_{G2} C_2) \\ I_2 + m_2(l_{G2}{}^2 + l_1 l_{G2} C_2) & I_2 + m_2 l_{G2}{}^2 \end{bmatrix}$$

$$h(\phi,\dot{\phi}) = \begin{bmatrix} -m_2 l_1 l_{G2}(2\dot{\phi}_1\dot{\phi}_2 + \dot{\phi}_2{}^2)S_2 \\ m_2 l_1 l_{G2}\dot{\phi}_1{}^2 S_2 \end{bmatrix}$$

$$g(\phi) = \begin{bmatrix} m_1 g l_{G1} C_1 + m_2 g(l_1 C_1 + l_{G2} C_{12}) \\ m_2 g l_{G2} C_{12} \end{bmatrix}$$

$S_2 = \sin\phi_2$, $C_2 = \cos\phi_2$, $S_{12} = \sin(\phi_1 + \phi_2)$, $C_{12} = \cos(\phi_1 + \phi_2)$
$C_2 = \cos\phi_2$, $S_2 = \sin\phi_2$, $C_{12} = \cos(\phi_1 + \phi_2)$

3 관절모델과 운동방정식

실제 로봇을 구동하기 위한 시스템 모델에는 관절부에서 발생하는 점성마찰에 의한 에너지 손실을 고려하고 모터 및 감속기를 포함한 운동방정식을 도출할 필요가 있다.

(1) 점성마찰 에너지 손실을 고려한 라그랑주 운동방정식

점성마찰 에너지 손실을 고려한 운동방정식은 다음과 같이 얻어진다.

$$\frac{d}{dt}\left(\frac{\partial L}{\partial \dot{q}_i}\right) - \frac{\partial L}{\partial q_i} + \frac{\partial D}{\partial \dot{q}_i} = Q_i \quad (i = 1, \cdots, n) \tag{3.8}$$
$$L = T - U$$

이때, 관절부의 점성마찰에 의한 손실에너지 함수는 다음과 같다.

$$D(\dot{\boldsymbol{q}}) = \sum_{i=0}^{n}\left(\frac{1}{2} D_i \dot{q}_i^2\right) \tag{3.9}$$

(2) 모터, 감속기를 포함한 머니퓰레이터의 운동방정식

모터에 발생하는 토크 및 역기전력은 다음 식과 같다.

$$\tau = K_t i_a, \quad E = K_e \omega \tag{3.10}$$

그림 3.3의 모터 모델로부터 Kirchoff의 전압법칙에 의해

$$L_a \frac{di_a}{dt} + R_a i_a + E = E_a \tag{3.11}$$

이 얻어지며, 인덕턴스(L_a)가 충분히 작다고 가정하면 다음 식과 같다.

$$R_a i_a + E = E_a \tag{3.12}$$

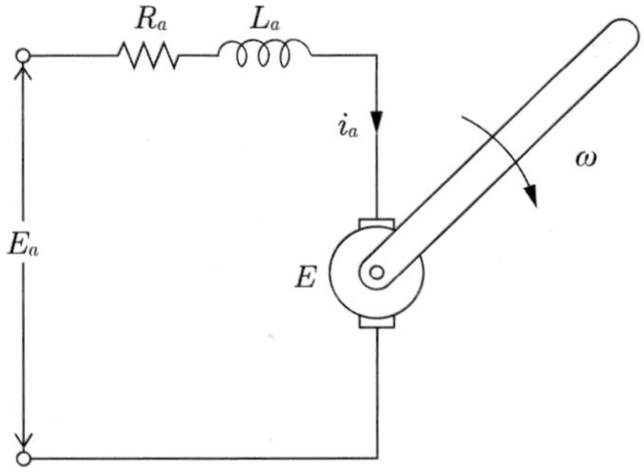

그림 3.3 DC 모터 모델

따라서 모터에 발생하는 토크는

$$\tau = \frac{K_t}{R_a} E_a - \frac{K_t K_e}{R_a} \omega \tag{3.13}$$

와 같이 얻어진다.

한편, 그림 3.4와 같이 감속비 k($\frac{n_L}{n_M}$)의 기어를 설치한 경우 운동방정식은

$$(\frac{J_L}{k^2} + J_M)\frac{d\omega}{dt} + D_M\ \omega = \tau \tag{3.14}$$

와 같이 얻어지며, 관절모델에 대한 운동방정식은 다음과 같다.

$$(\frac{J_L}{k^2} + J_M)\ddot{\phi} + (D_M + \frac{K_t K_e}{R_a})\dot{\phi} = \frac{K_t}{R_a} E_a \tag{3.15}$$

여기에서, J_L은 부하의 관성 모멘트, J_M은 모터의 관성 모멘트, D_M은 관절부의 점성마찰계수이다.

위와 같이 감속기를 사용함으로써 모터의 고속회전의 감속에 대한 대가로 토크를 증대하여 부하에 전달할 수 있다. 이는 부하측에서 보면 부하의 관성 모멘트를 감속비의 제곱만큼 감쇠하는 효과로도 설명할 수 있다.

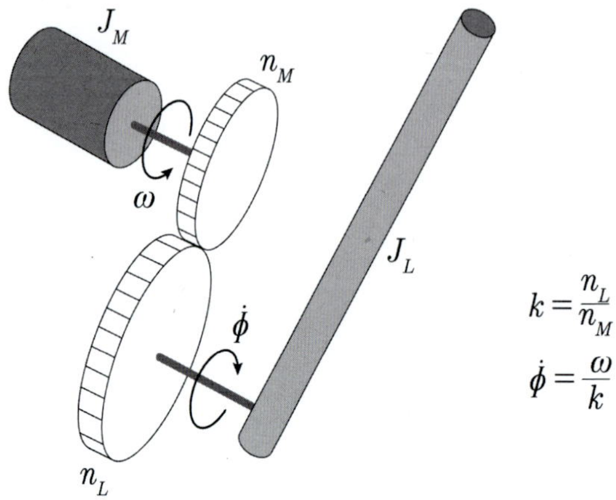

그림 3.4 모터와 감속기

제4장

액추에이터

제4장

액추에이터

로봇을 구동하는데 다양한 액추에이터가 사용되고 있으며, 액추에이터는 로봇의 근육에 해당한다. 로봇 관절의 회전 또는 로봇의 움직임을 생성하기 위해서 가감속에 필요한 충분한 힘을 가져야 하며, 정확성, 빠른 응답, 신뢰성 등이 요구된다. 목적에 따라 다양한 액추에이터가 활용되고 있으며, 각 액추에이터의 특징은 표 4.1과 같다. 최근의 로봇시스템에는 대부분 전기모터가 사용되고 있기 때문에 여기에서는 전기기계적인 액추에이터를 중심으로 작동원리를 살펴본다.

표 4.1 주요 액추에이터의 특징

종류	특징	용도	구성
전기 모터 (Electric motor)	– 사용이 용이 – 제어성이 좋음 – 중량대비 고출력	로봇, 무인 차량 등 다양	전원, 모터, 모터드라이버
유압 액추에이터 (Hydraulic actuator)	– 고출력 – 누유 및 오일관리	건설기계, 공작기계, 산업용 로봇 등	펌프, Compressor, 배관, Servo valve
공압 액추에이터 (Pneumatic actuator)	– 고속 이동 – 안전하고 깨끗함	공압 핸드, 전차 도어 등	Compressor, 배관, Servo valve

1 DC 모터

DC 모터는 사용이 용이하며 제어성능이 우수해 로봇관절의 제어를 비롯해 소형 경량의 회전구동부에 폭넓게 사용되고 있다.

DC 모터의 작동원리

그림 4.1은 DC모터의 구조를 나타내고 있다. N극과 S극 사이에 형성된 자계 속에서 코일이 감겨진 원통이 회전하고 있을 때, 코일에 작용하는 힘과 자계, 전류방향은 그림 4.2와 같다. 작용한 힘에 의해 회전 토크가 발생됨에 따라 회전이 진행되어 그림 4.3과 같이 Detent 위치에 이르면 같은 크기의 토크가 반대방향을 향하고 있어 더 이상 회전이 불가능하게 된다. 이때 정류자(commutator, 整流子)를 이용하여 전류의 방향을 바꾸어 줌으로써 힘의 방향, 즉 토크의 방향을 바꾸어 줌으로써 연속적인 회전이 가능하게 된다.

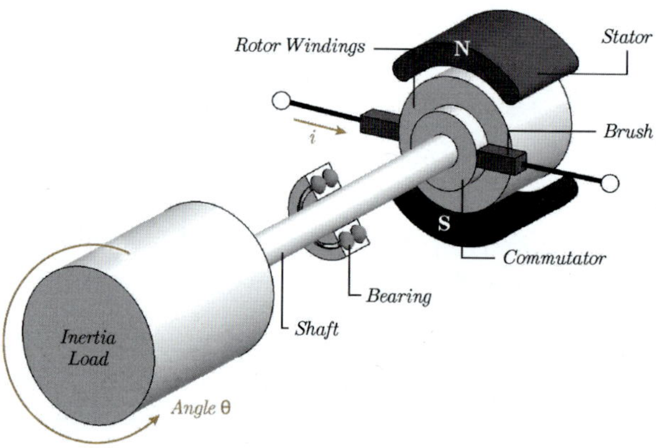

그림 4.1 DC 모터의 구조[5]

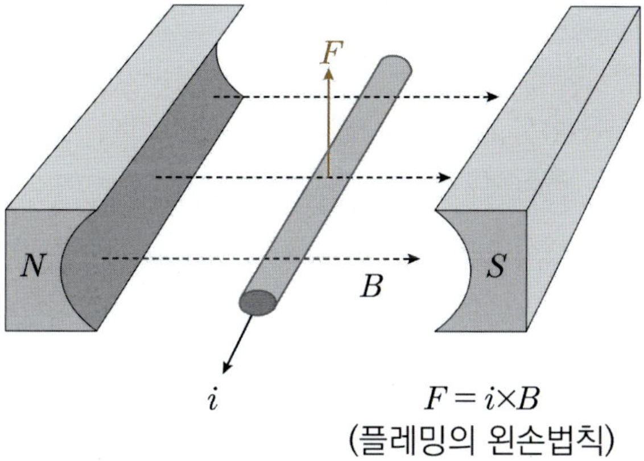

그림 4.2 DC 모터의 작동원리: 힘의 발생

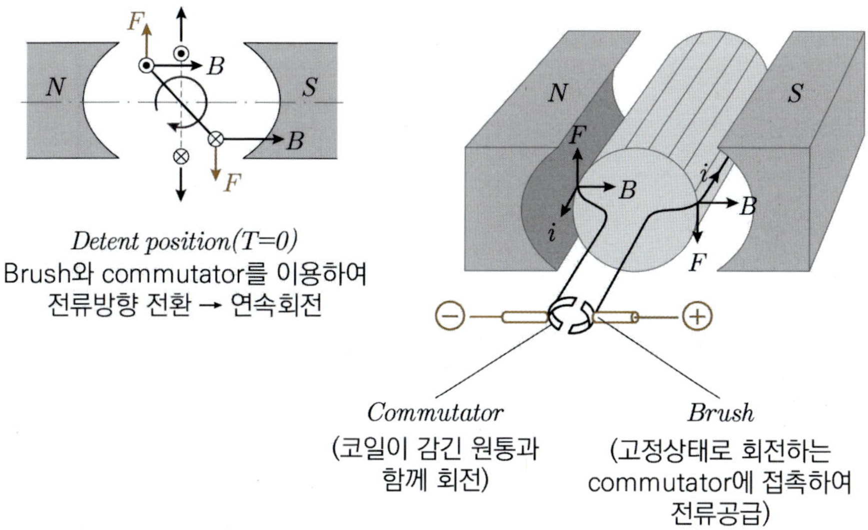

그림 4.3 DC 모터의 작동원리: 연속 회전

DC 모터의 종류

DC 모터는 Brush 형(그림 4.4)과 Brushless 형(그림 4.5)이 있다. Brush 형은 brush와 정류자를 이용하여 전류의 방향을 전환해줌으로써 연속적인 회전이 가능하도록 구성되어 있다. 반면에, Brushless 형은 brush를 없애는 대신 위치센서를 이용하여 회전위치를 검출하여 전류의 방향을 전환하도록 구성되어 있으며, brush가 없으므로 내구성이 우수하다.

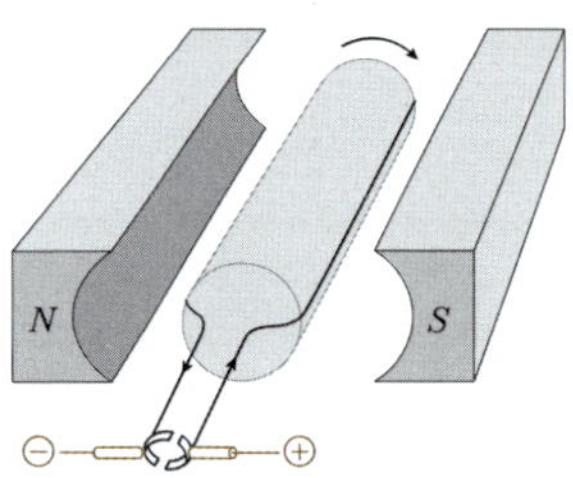

그림 4.4 Brush type DC 모터

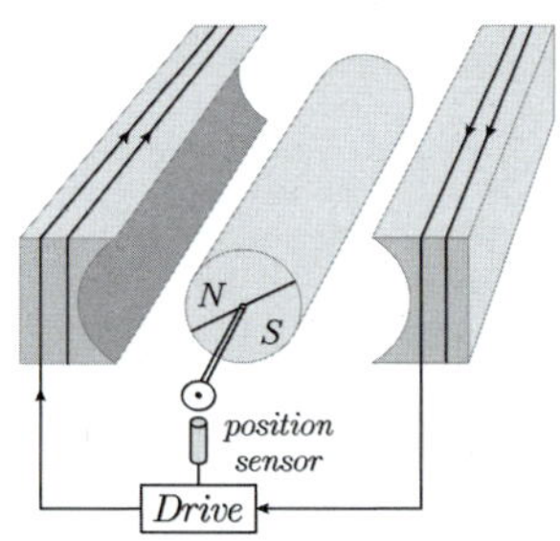

그림 4.5 Brushless type DC 모터 (BLDC Motor)

DC 모터 모델 및 토크-각속도 관계

DC 모터의 토크는 전류에 비례하므로

$$T = k_t \cdot i \tag{4.1}$$

여기에서 k_t는 토크 상수(torque constant)

그림 4.6의 DC 모터 모델에서 역기전력은 모터의 각속도에 비례하므로

$$E = k_t \cdot \omega \tag{4.2}$$

로터의 저항과 인덕턴스를 고려하면 모터에 공급된 전압은 다음과 같이 나타낼 수 있다.

$$V = Ri + L\frac{di}{dt} + E \tag{4.3}$$

모터의 토크 및 역기전력 관계식을 대입하여 정리하면

$$\frac{k_t}{R}V = T + \frac{L}{R}\frac{dT}{dt} + \frac{k_t^2}{R}\omega \tag{4.4}$$

여기에서 $\frac{L}{R}$은 모터 리액턴스(motor reactance)로서 다른 항에 비해 매우 작아 무시할 수 있으므로 다음과 같이 토크-각속도 관계식을 얻을 수 있다.

$$T = \frac{k_t}{R}V - \frac{k_t^2}{R}\omega \tag{4.5}$$

위와 같은 토크-각속도 관계(그림 4.7)에 의해 모터의 운용범위(발생 토크와 각속도의 조합)가 제한되어 큰 토크를 취하게 되면 각속도의 최대치가 제한되며, 높은 각속도를 취하게 되면 역시 발생 토크가 제한된다. 한편, 모터의 공급전압을 크게 하면 발생 토크와 각속도의 운용범위를 확대할 수 있다.

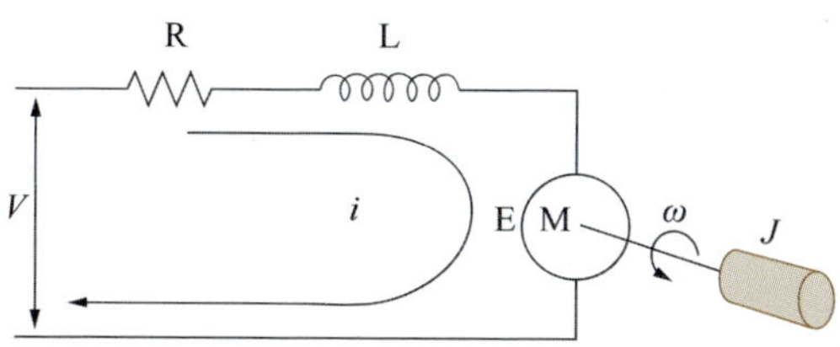

그림 4.6 DC 모터 모델

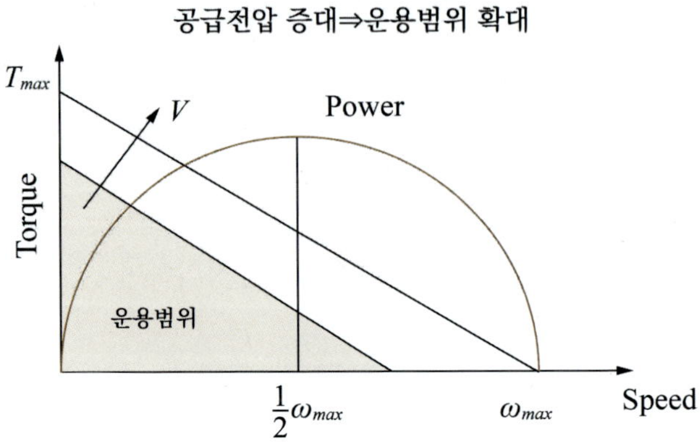

그림 4.7 토크-각속도 관계

모터선정 예제

직류서보모터에 감속기어(감속비 1/10)를 통하여 관성로터가 연결되어 있다. 관성로터의 속도 및 모터축의 토크가 그림과 같은 파형으로 가감속 구동 후 50ms의 정지구간(t_3)을 가지는 구동패턴이 반복된다. 모터의 정격 토크(Nm), 정격전류(A), 순시최대전류(A)를 구하시오.

이때, 모터의 관성모멘트 $J_m = 1.57 \times 10^{-5} kgm^2$, 토크 상수 $K_t = 0.0573 Nm/A$, 관성로터의 관성모멘트 $J_L = 2.50 \times 10^{-4} kgm^2$, 감속기어의 관성모멘트는 무시한다.

그림에서 시간 $t_1 = t_2 = 50ms$, 관성로터의 최대각속도 $\Omega_1 = 500rpm$으로 한다.

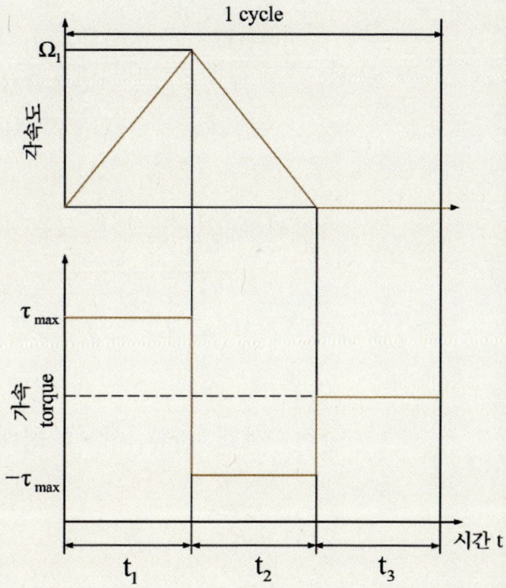

풀이

회전운동을 구현하기 위해 모터의 선정이 필요하게 되는데 운동부의 관성모멘트, 구동패턴을 고려하여 적절한 모터를 선정하는 것이 중요하다.

통상 정격 토크를 구하고 안전계수를 고려하여 이를 상회하는 규격의 모델을 선정해야 하며, 정격 토크는 다음과 같이 얻어진다.

$$\tau_o = \sqrt{\frac{1}{t_o}\int_0^{t_o}\{\tau(\mathrm{t})\}^2 dt}$$

정격 토크를 구하기 위해 J, α, $\tau_{\max}$ 을 각각 구하면

$$J = J_m + \frac{J_L}{n^2} = 1.57\times10^{-5} + \frac{2.50\times10^{-4}}{10^2} = 1.82\times10^{-5} kg\cdot m^2$$

$$\alpha = \frac{n\Omega_1}{t_1} = \frac{10\times500\times2\pi}{60\times0.05} = 1.0472\times10^4 rad/s^2$$

$$\tau_{\max} = J\alpha = (1.82\times10^{-5})(1.0472\times10^4) = 0.1906 N\cdot m$$

이어서 위의 정격 토크를 구하는 식에 적용하면 다음과 같이 얻어진다.

$$\tau_o = \sqrt{\frac{(t_1+t_2)\tau_{\max}^2}{t_1+t_2+t_3}} = \sqrt{\frac{(0.05+0.05)0.1906^2}{0.05+0.05+0.05}} = 0.1557 N\cdot m$$

한편, 정격 전류, 순시 최대전류는 각각 아래와 같다.

$$I_o = \frac{\tau_o}{K_t} = 2.717A, \quad I_{\max} = \frac{\tau_{\max}}{K_t} = 3.326A$$

DC 모터의 PWM 제어

DC 모터 제어를 위해서는 파워 증폭기가 필요한데, 아날로그 파워 증폭기를 이용하여 DC 모터를 제어하게 되면 파워 손실이 많아 초소형 모터 이외에는 거의 사용하지 않는다. 대안으로 ON−OFF 스위칭을 이용한 모터제어가 있는데, 이 방법은 파워 손실이 없는 전압 ON(V) 상태와 OFF(0) 상태를 이용하는 DC 모터의 제어에 사용되는 대표적인 방법으로 펄스폭변조(PWM; pulse−width modulation)방식이라고 한다. 이 방법은 그림 4.8과 같이 주기적인 입력펄스(주기 T)의 ON 시간(t)을 조절함으로써 모터제어에 필요한 전류의 크기를 조절하는 방법이다. 주기 T에 대한 ON 시간 t의 비율을 Duty cycle이라고 하며 다음과 같이 나타낸다.

$$Duty \ \ cycle = \frac{t}{T}100\%$$

그림 4.9와 같이 모터의 PWM 제어에서 ON 시간 t의 비율이 커지면 모터에 입력되는 전류가 커지며, 반면에 t의 비율이 작아지면 입력전류가 작아져 결과적으로 모터의 회전속도와 토크를 조절할 수 있다. 그림 4.10에서 60% duty와 30% duty의 경우를 보이고 있는데, 전압 V_s가 10V인 경우 평균전압은 각각 6V, 3V가 된다.

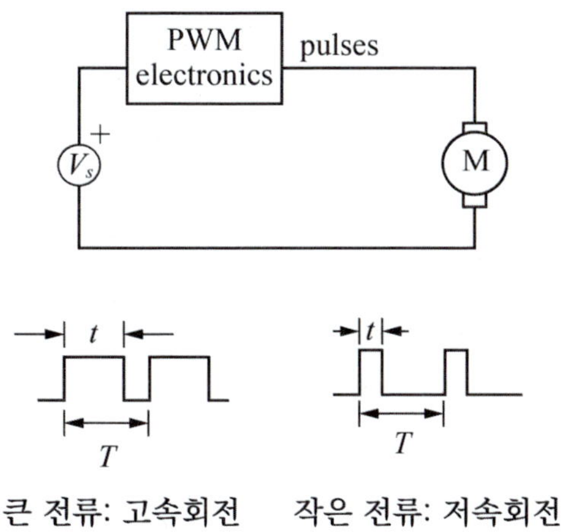

그림 4.8 DC 모터의 펄스폭 변조 제어

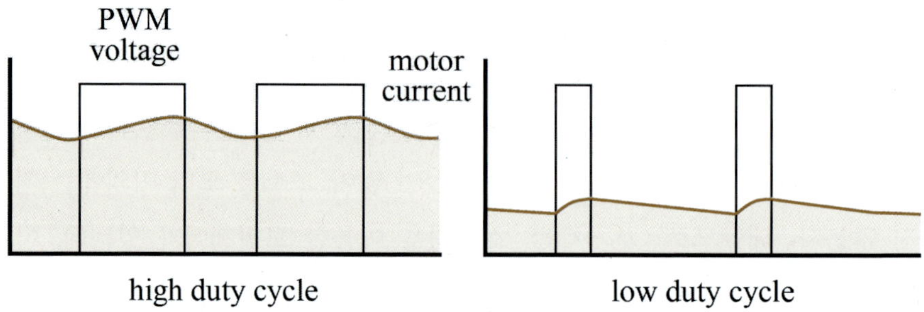

그림 4.9 PWM 전압과 모터 입력 전류

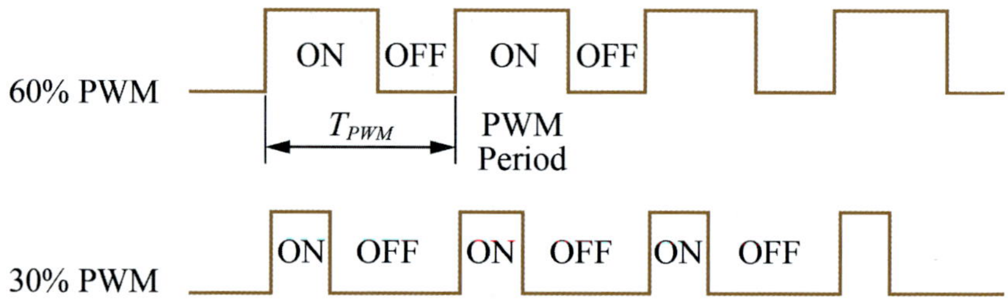

그림 4.10 펄스폭 변조 예(60% 및 30% duty)

한편, PWM 주기는 기계적인 동작과 관련된 시정수보다 매우 짧게 설정해야 한다. 운동시스템의 최대 대역폭 100Hz에 대하여 통상 2~20kHz의 진동수에 상응하는 짧은 주기를 가지도록 설정하여 부드러운 전류파형을 만들어 내도록 한다. 모터 모델에서 로터는 인덕턴스 L을 가지는데, 전기 시정수(electric time constant) T_e가 PWM 주기보다 매우 크면 모터에 입력되는 실제 전류는 그림 4.11 (a)와 같이 부드러운 곡선을 보인다. 반면에 전기 시정수가 PWM 주기에 비해 작으면 그림 4.11 (b)와 같이 입력전압을 추종하는 전류가 입력되어 원치 않는 고주파 진동을 유발하게 된다. 적절한 PWM 주기를 설정하면 모터의 인덕턴스가 마치 저역통과필터와 같은 작용을 하여 입력전압의 ON-OFF 파형을 제거하여 부드러운 전류 파형을 만들어 내고 있음을 알 수 있다.

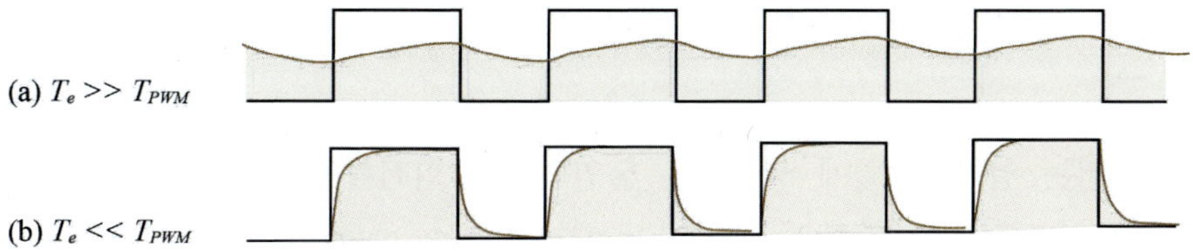

그림 4.11 PWM 주기와 전기 시정수 관계

2 스텝모터(Stepper motor)

스텝모터는 입력펄스열에 상응하는 불연속적인 회전을 생성하는 모터로서 비교적 저가이며 대부분의 경우 DC 모터와 달리 별도의 위치센서가 필요치 않아 제어가 용이하다. 회전자와 고정자의 극수 및 여자방식(full step, half step)에 따라 스텝각이 결정되며, 스텝당 30도, 15도, 5도, 2.5도, 2도, 1.8도 등으로 다양하며 마이크로 stepping 회로를 적용하면 회전당 1,000 스텝(스텝당 0.36도) 이상도 가능하다. VR(Variable Reluctance)형과 PM(Permanent Magnet)형이 있으며, VR형은 자성재료로 되어있는 회전자를 고정자 자극이 끌어당겨 회전시키는 반면, PM형은 영구자석으로 되어있는 회전자 자극과 고정자 자극의 자기적 흡인력으로 회전한다. 또한 VR형과 PM형을 혼합한 형태로 주로 산업용 제품에 많이 사용되는 방식으로 하이브리드 형(Hybrid Type)이 있으며, 고정밀도, 높은 토크, 고 분해능의 제품에 많이 사용된다. 그림 4.12 및 4.13은 하이브리드 형의 단면과 회전자를 나타내고 있다. 그림과 같이 rotor와 stator로 구성되어 있으며, rotor와 stator의 공극은 매우 미세한 간극을 가지고 있어 각각 독립적으로 동작하며 기계적인 마찰이 없다. N극으로 자화된 로터 1과 S극으로 자화된 로터 2는 그림과 같이 1 피치 어긋나게 조립되어 있으며 각 로터는 N개(통상 50개 또는 100개)의 돌기를 가지고 있어 옆에서 보면 2N개(통상 100개 또는 200개)의 돌기를 가지고 있는 구조가 된다. 일반적으로 많이 사용

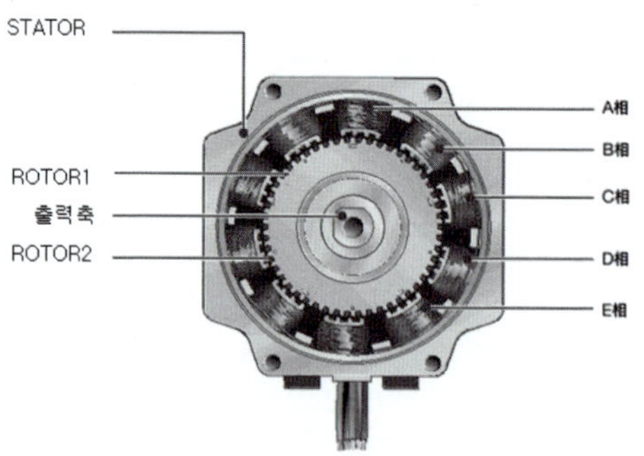

그림 4.12 스텝모터의 구조(단면)[14]

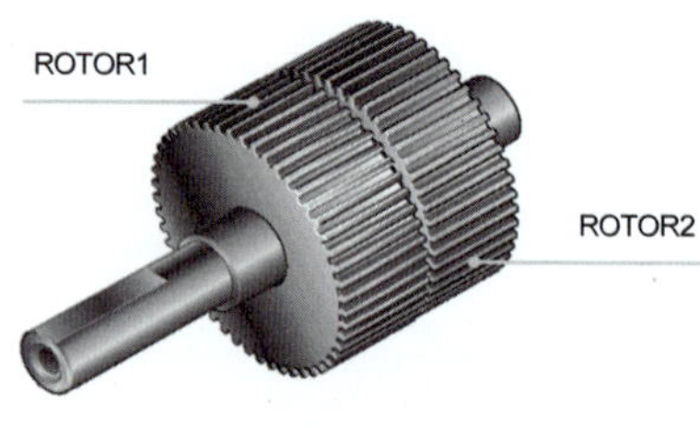

그림 4.13 스텝모터의 구조(rotor)[14]

되는 스테핑 모터는 5상(그림 예) 및 2상이며 분해능은 각각 5상의 경우 0.72도(500step/rev), 2상의 경우 1.8도(200step/rev)이다.

그림 4.14에 스테핑 모터의 속도-토크 특성을 나타내고 있다. 정지상태의 최대 토크를 holding torque라 하며, 다른 모터들처럼 속도가 증가하면 토크가 감소하게 되는데 감소현상이 다른 모터들에 비해 두드러진다. 따라서 스텝모터의 선정에 있어서 운용조건을 고려한 속도-토크 특성을 확인할 필요가 있다. 부하토크가 모터토크보다 작을 경우 제어 스텝을 잃지 않고 전달할 수 있어 안정적인 제어가 가능하다. 그러나 부하토크가 매우 크거나 속도가 모터의 회전 성능을 초과하게 되면 제어 스텝을 제대로 전달할 수 없게 되어 통상 피드백이 없는 스텝모터의 위치결정이 부정확해지게 된다.

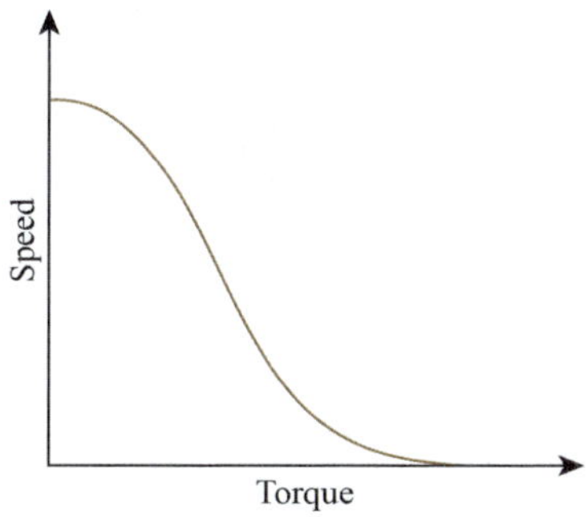

그림 4.14 속도-토크 특성

스테핑 모터의 제어시스템을 그림 4.15에 나타내고 있으며, 스텝모터, 스텝모터 드라이버, 제어기로 구성되어 있다. 작동원리는 영구자석인 중심의 회전자가 전기적으로 자화된 고정자의 자기장을 따라 회전하게 된다. 그림 4.16의 (a) 상태에 있던 회전자가 고정자의 자기장이 (b)와 같이 변하면 그에 따라 시계방향으로 90도 회전한다. 이 경우 회전 분해능은 90도로 4단계가 연속적으로 변하면 한 바퀴 회전하여 원래의 자리로 돌아오게 된다(full-step). 이때, 마주 보는 한 쌍의 고정자가 차례로 자화되는 대신에, 동시에 자화되어 그림 (c)와 같은 자기장을 형성하게 되면 45도 만큼 회전하게 될 것이다. 이어서 다시 그림 (b)와 같은 자기장이 형성되면 회전자는 또다시 45도 회전하게 된다. 이와 같은 과정을 연속적으로 반복하게 되면 8단계를 거쳐 1회전을 하게 되며 회전 분해능은 45도가 된다(half-step).

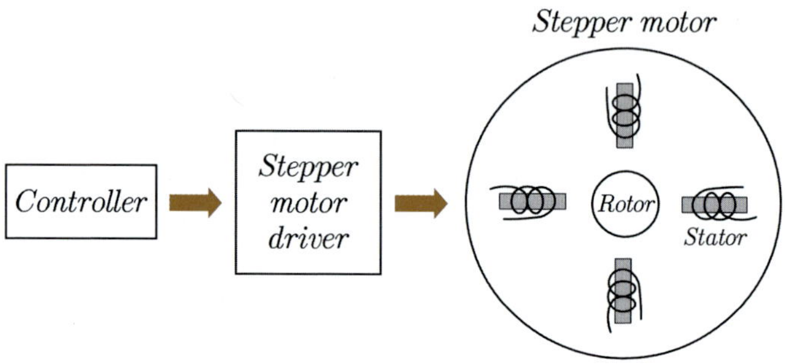

그림 4.15 스텝모터 제어시스템 구성: 스텝모터, 스텝모터 드라이버, 제어기

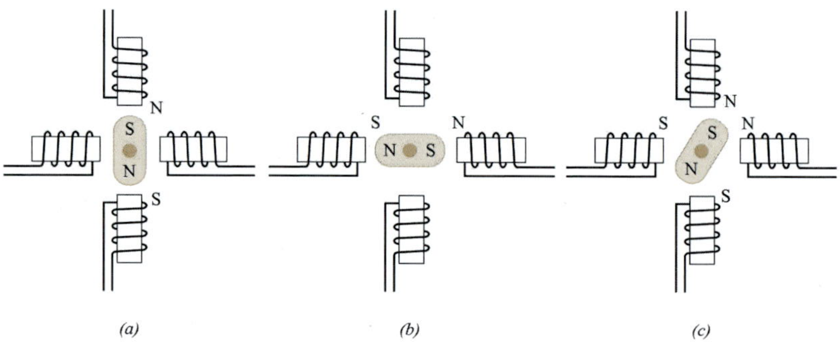

그림 4.16 스텝모터의 작동원리(a, b: full step, c: half step)

3 유압과 공압(Hydraulics and Pneumatics)

유압(그림 4.17) 및 공압(그림 4.18) 액추에이터는 작동방식이 유사하다. 유압은 큰 출력을 필요로 하는 건설 및 공작기계, 산업용 로봇 등에 주로 사용되며, 공압은 인간의 근육 움직임과 유사한 동적인 순응성을 가지고 있어 로봇 손이나 전차의 도어 등에 사용된다. 각각 오일 및 압축공기의 흐름을 밸브를 이용해 제어함으로써 실린더의 직선운동을 생성한다. 유압의 경우는 압축원인 오일저장 탱크와 함께 누유관리도 필요한 반면, 공압은 대기 중에서 얻은 공기를 압축하기 위한 압축기가 필요하며 사용된 압축공기는 대기 중에 방출된다. 한편, 유압펌프로는 Gear 펌프, Vane 펌프, 피스톤 펌프가 요구되는 압력정도에 따라 사용된다.

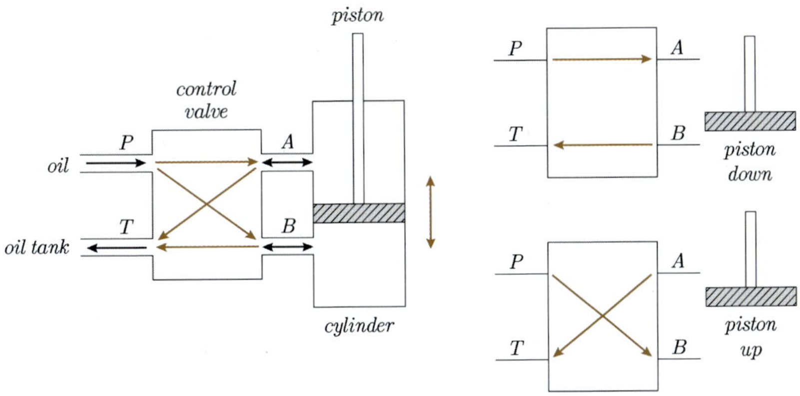

그림 4.17 유압 시스템의 구성

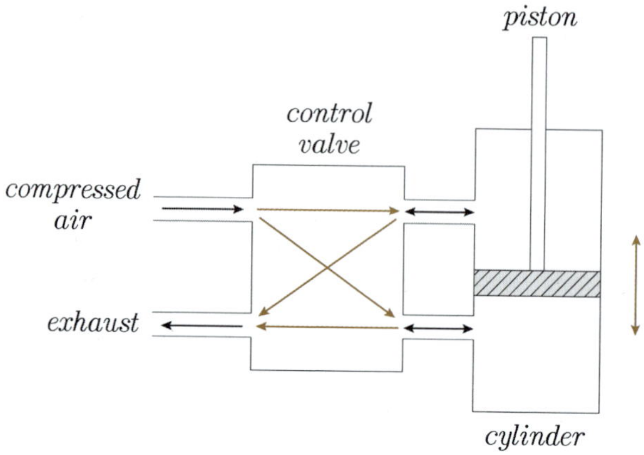

그림 4.18 공압 시스템의 구성

Servo valve와 실린더로 유압 액추에이터를 구성하게 되며, 그림 4.19에 유압의 공급과 회수가 없이 중립 위치에 있는 스풀 밸브를 나타내고 있다. 이 위치에서 그림 4.20과 같이 스풀 밸브의 상하운동에 의해 유압의 공급과 회수가 이루어지며, 이로 인해 피스톤의 상하운동이 생성된다. 여기에서 어떤 밸브가 개폐되는가에 따라 운동방향이 결정된다.

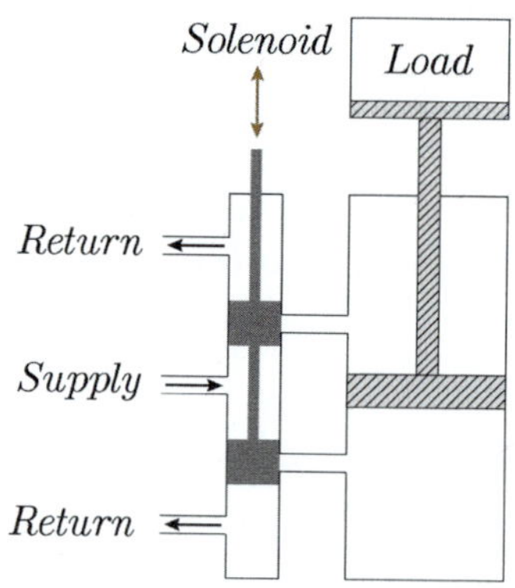

그림 4.19 중립 위치의 스풀 밸브

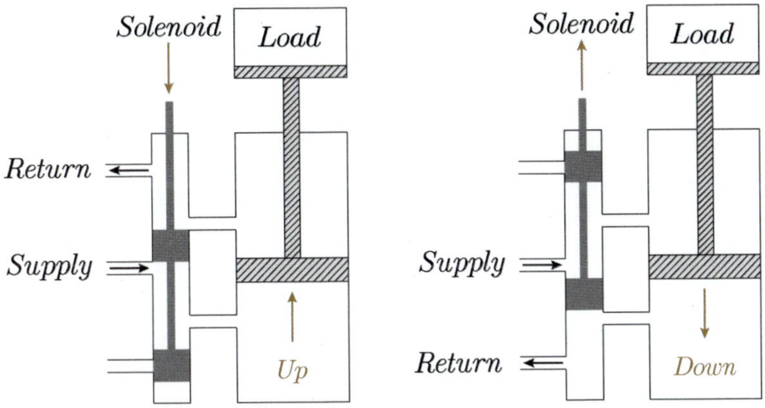

그림 4.20 스풀 밸브의 상하운동에 의한 피스톤의 거동

4 재료형 액추에이터

압전소자나 형상기억합금과 같은 재료형 액추에이터는 통상 구조체를 겸하고 있어 비행체의 모핑 윙처럼 구조 및 재료 전체에 걸쳐 변형을 발생시킬 수 있어 가변형 구조를 가진 시스템을 구성하는데 유용하다.

압전소자(Piezoelectric actuator)

압전(壓電) 및 전왜(電歪)현상을 이용하는 압전소자는 전기－기계 변환효율이 높고 크기에 비해 상대적으로 큰 힘을 낼 수 있어 소형 액추에이터로 다양하게 이용된다. 압전소자는 그림 4.21과 같이 양방향성을 가지고 있어 소자에 변형을 가하면 소자의 양 표면에 정부(＋, －)의 분극전하를 발생하고, 역으로 소자에 전압을 인가하면 기계적인 변형이 발생한다. 변형에 대한 전압변화를 측정하면 센서로 활용할 수 있고(압전효과), 전압을 가하여 원하는 변형을 만들어 내는 액추에이터로도 활용할 수 있다(역압전효과). 액추에이터로 사용되는 경우 그림 4.22와 같이 적층 형과 Bimorph 형의 구조를 가지며 적층형의 변위는 수 $10\mu m$, 발생력은 수 $100kg$ 정도인데 비해 Bimorph 형의 변위는 수 $100\mu m$, 발생력은 수 $10g$ 정도이다. 사용목적에 따라 적절한 구조를 선택할 필요가 있다. 한편, 압전소자는 입력전압에 대한 변위량에 이력현상을 가지고 있어 이에 대한 적절한 대책(교정 또는 보상)이 필요하다.

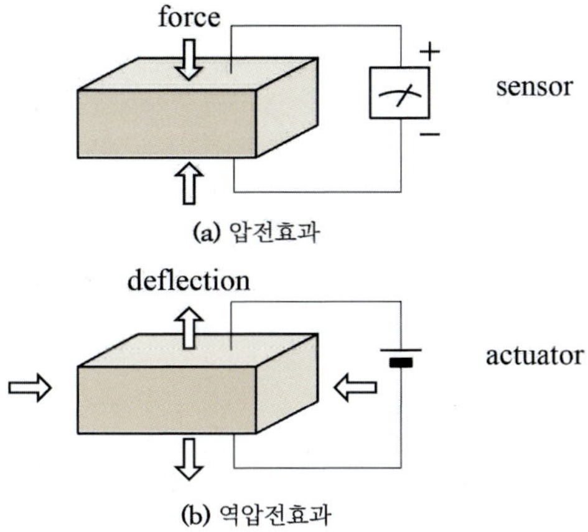

그림 4.21 압전효과와 역압전효과

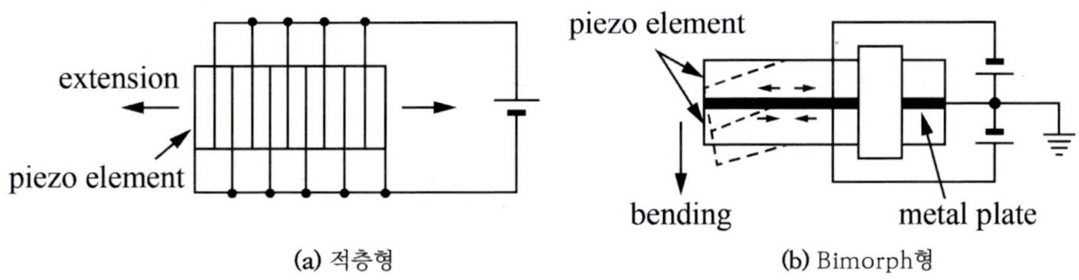

그림 4.22 압전 액추에이터의 구조

형상기억합금(Shape Memory Alloy)

열－기계 변환소자로서, Ti－Ni 등의 합금으로 형상을 소성 변형시켜 특정 온도에 다다르면 원래의 형상으로 되돌아가려는 형상기억효과(그림 4.23)를 이용한 액추에이터이다. Martensite 변태에 의해 생기는 것으로 100 MPa 이상의 큰 힘을 발생시키는 것이 가능한 반면에 변형량은 2~5%로 작아서 변위를 확대하는 구조가 필요하며, 온도변화에 의한 변위이므로 응답성이 느린 단점이 있다.

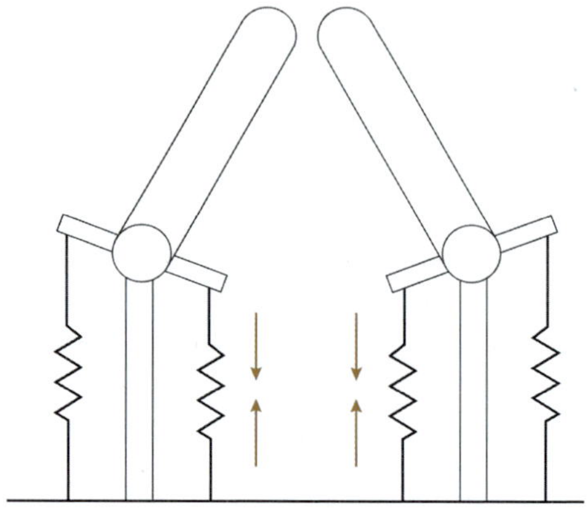

그림 4.23 형상기억합금을 이용한 gripper

5 소프트 액추에이터(Soft Actuator)

최근 연성소재를 활용하여 외부 환경에 유연하게 대응함으로써 적응성을 향상시킨 로봇 메커니즘과 관련기술을 연구하는 소프트 로보틱스가 주목받고 있다. 소프트 로보틱스는 문어와 같은 연체 생물들이 주변 환경에 유연하게 대응하는 연성기반 적응성에 착안하여 유연소재를 로보틱스에 활용하기 시작하면서 발전되어 다양한 소프트 로봇이 개발되었다. 소프트 로봇의 개발을 위해서는 연성메커니즘, 구조설계 및 제조, 구동기 및 센서, 제어 등의 측면에서 소프트 로봇의 특성을 고려한 요소기술이 필요하다.

한편, 소프트 로보틱스에 사용되는 대표적인 구동방식은 공압구동, 모터-와이어 구동, 지능재료를 이용한 구동이 있다.

공압 구동방식은 외부장치에서 압력을 조절하면 로봇 구조내부의 공기통로를 통해서 분산되어 있는 각 부분의 에어챔버들의 부피변화가 일어나고 이 부피변화를 통해 구조전체에 구동력을 전달하고 움직임을 생성한다. 이때 에어 챔버의 위치, 물성, 두께의 변화와 구속장치의 추가 등을 통해 구조의 변형을 제어한다. 공압구동의 경우 일반적으로 압력조절장치인 압축기의 부피가 크고 무거운 단점이 있으며, 로봇 구조의 부피변화로 인하여 다른 구조를 접합하여 동작하는데 한계가 있다.

모터-와이어 구동의 경우 모터에 연결된 와이어의 한쪽 끝단이 동력을 전달하는 최종부위에 고정되어 있고, 와이어가 설계된 경로를 따라 배치되어 있다. 이러한 구조에서 모터가 구동하면 와이어의 경로에서 선택적으로 고정된 연결부분에 동력이 전달되면서 로봇이 움직이게 된다. 공압구동에 비해 구조가 단순하고 가벼운 장점이 있으나 와이어의 동력이 전달되는 경로에서 발생하는 마찰로 인해 구동효율이 저하될 수 있다.

지능재료를 이용한 구동기로는 형상기억합금(shape memory alloy; SMA), 형상기억 폴리머(shape memory polymer; SMP), 고분자 유전 탄성체(dielectric elastomer actuator; DEA), 이온 고분자 금속 복합재(ionic polymer metal composite; IPMC) 등

이 있다. 이러한 지능재료 구동기는 다양한 형태로 성형이 가능하며, 작은 크기에서 무게 대비 출력성능이 우수하여 압축기와 모터 등의 구동기를 사용할 수 없는 경량구조와 초소형 구조의 소프트 로봇에 사용되고 있다. 하지만 에너지 변환과정의 손실에 의한 낮은 에너지 효율, 느린 구동속도 또는 작은 구동변위 등의 단점이 있다.

제5장

센서

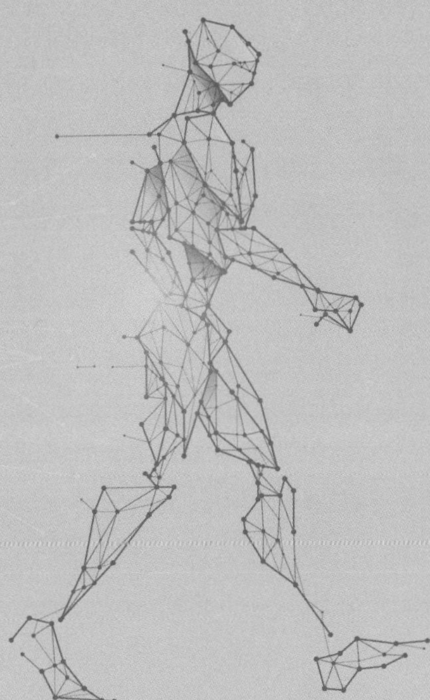

제5장

센서

센서는 로봇의 상태(관절의 회전각, 수행위치 및 가속도 등)를 피드백하기 위하여 사용되는 한편, 외부환경(접촉상태 또는 물체와의 거리 등)을 파악해 상호작용하기 위하여 사용되기도 한다. 동물과 인간의 경우도 유사한 기능의 센서를 가지고 있다. 이 장에서는 로봇에 사용되는 기본적인 센서에 대하여 알아본다.

1 특성

센서의 선정 및 사용에 있어서 고려해야 할 주요 특성으로는 다음과 같은 것들이 있다.

① **해상도(resolution):** 센서가 측정할 수 있는 입력 자극 변화량의 최소치

② **감도(sensitivity):** 입력신호의 변화량에 대한 출력신호 변화량의 비율

③ **선형성(linearity):** 입력변화에 대한 출력변화의 관계가 선형적인 특성

④ **범위(range):** 센서 입력 자극의 최댓값과 최솟값의 차, 또는 센서 출력신호의 최댓값과 최솟값의 차

⑤ **정확도(accuracy):** 센서 출력신호의 크기와 입력신호 크기의 근접한 정도

2 위치센서

포텐셔미터(Potentiometer)

포텐셔미터는 그림 5.1 및 5.2처럼 위치 및 회전각을 저항을 통한 전압변화(아날로그 출력)로 나타낸다. 회전에 따른 저항변화를 전압변화로 출력함으로써 위치 및 회전각의 측정이 가능하며, 입력장치로도 사용할 수 있다. 그림의 회로에서 출력전압은 다음과 같이 얻어진다.

$$V_0 = V_{CC}\frac{R_1}{R}$$

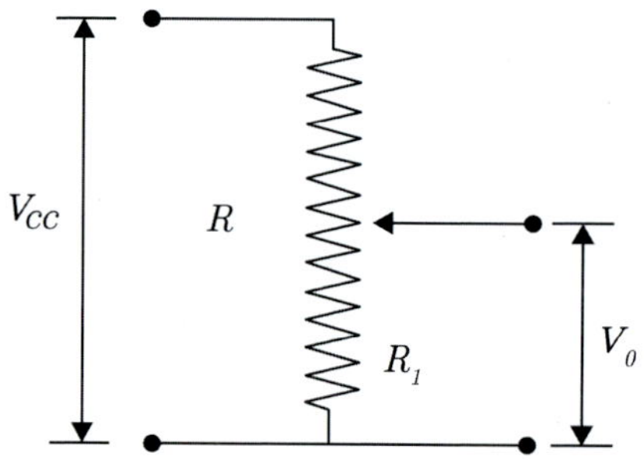

그림 5.1 Potentiometer 원리

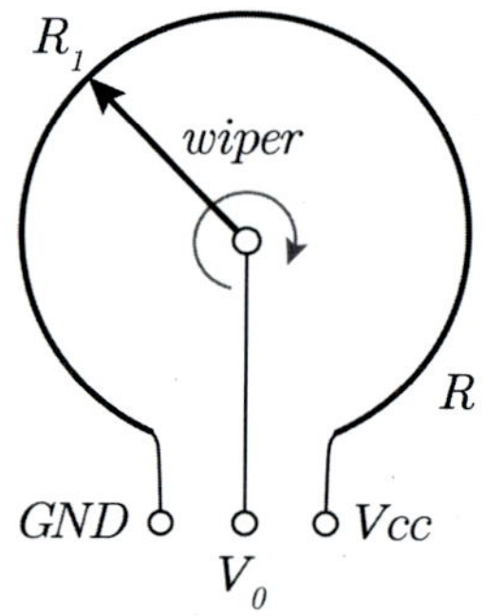

그림 5.2 Potentiometer 구조

엔코더(Encoder)

엔코더는 회전각의 변화를 디지털 신호로 출력하는 장치로서 증분형(incremental type)과 절대형(absolute type)이 있다.

(1) 증분형 엔코더(incremental encoder)

증분형 엔코더는 그림 5.3처럼 초기위치를 기준으로 얼마만큼 회전하였는지를 디지털 펄스로 출력하며, 회전 방향은 1/4주기의 위상차를 가지고 있는 A상과 B상의 출력패턴의 차이로 인식한다. 회전축에 연결하여 회전각 및 회전 각속도를 측정하는데 폭넓게 사용되며, 전기모터와 일체형으로 제작되어 사용되는 경우도 많다.

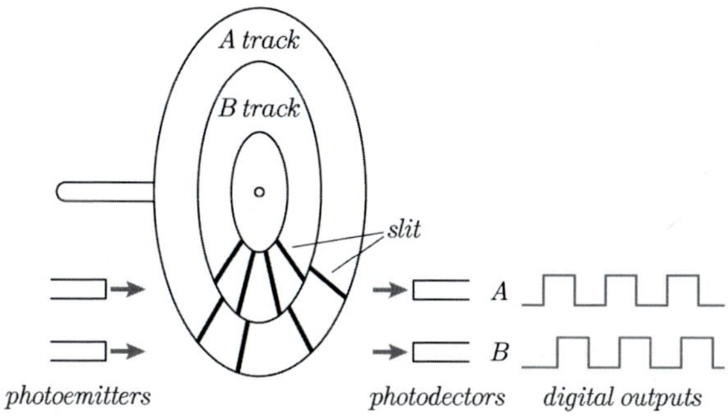

그림 5.3 증분형 광학 엔코더 개략도

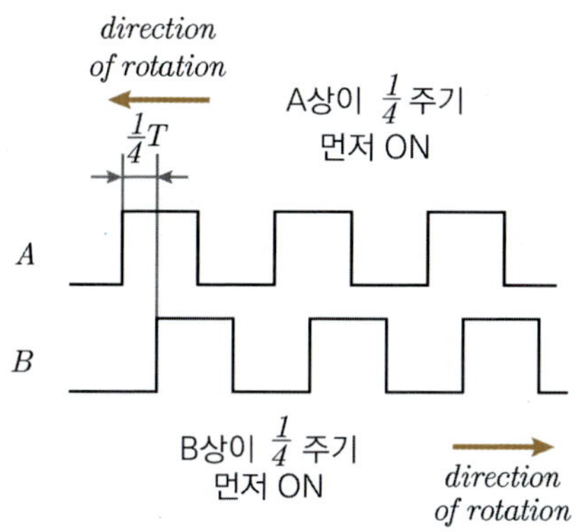

그림 5.4 증분형 광학 엔코더의 회전방향 검출

그림 5.4에서 알 수 있는 것처럼 디스크 트랙이 화살표 방향(positive track motion)으로 회전할 경우, 먼저 A상의 펄스가 ON 되고 1/4 주기 후에 B상의 펄스가 ON 되는 것을 알 수 있다. 회전 방향이 반대인 경우는 먼저 B상의 펄스가 ON

되고 1/4 주기 후에 A상의 펄스가 ON 되는 구조가 되어 증분 엔코더의 회전방향을 알 수 있게 된다. 이후 디지털 펄스는 분해능 증대과정을 거쳐 카운터 모듈에 입력되고 디코딩 과정을 통해 회전 방향과 회전각을 검출한다.

(2) 절대형 엔코더(absolute encoder)

절대형 엔코더는 상대적인 회전각이 아닌 고유의 회전각을 알 수 있는 장치로서 분해능은 출력 비트수에 의해 결정된다. 초기위치로부터 회전 방향과 회전 양만을 알 수 있는 증분형 엔코더에 비해, 회전의 절대적인 위치를 알 수 있으나 출력 비트수(분해능) 만큼의 슬릿 열이 필요하기 때문에 구조가 복잡해지게 된다. 그림 5.5 및 5.6에 3bit 절대형 엔코더의 구조와 그레이 코딩을 나타내고 있다. 3bit 이므로 8단계의 분해능(45도)을 가지는데, 통상적인 바이너리 코드 대신 그레이 코드를 이용하게 된다. 이는 섹터 변화에 따른 슬릿(contact 1, 2, 3)의 상태변화를 최소화(한 개의 상태만 변화)하여 검출오류를 줄이는데 도움이 되기 때문이다.

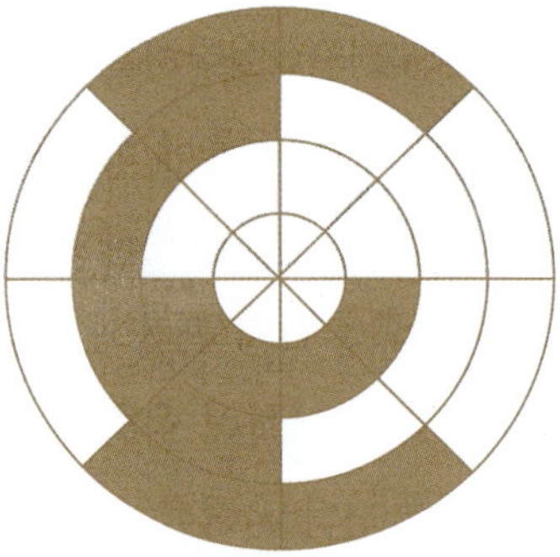

그림 5.5 3bit 절대형 엔코더 구조[13]

Gray Coding

Sector	Contact 1	Contact 2	Contact 3	Angle
0	off	off	off	0° to 45°
1	off	off	ON	45° to 90°
2	off	ON	ON	90° to 135°
3	off	ON	off	135° to 180°
4	ON	ON	off	180° to 225°
5	ON	ON	ON	225° to 270°
6	ON	off	ON	270° to 315°
7	ON	off	off	315° to 360°

그림 5.6 3bit 그레이 코딩[13]

LVDT(Linear Variable Differential Transformer)

LVDT는 그림 5.7처럼 코어의 움직임에 따른 직선변위를 전압으로 출력하는 변환기로서 구조가 간단하며 신뢰성 있는 신호를 얻을 수 있다. 장점으로는 선형범위에서 정확도가 우수하며, 별도의 신호증폭이 요구되지 않고 다른 위치 센서들에 비해 온도변화에 덜 민감한 특성을 들 수 있다. 한편, 단점으로는 측정범위 및 주파수 응답이 제한적이어서 좁은 범위의 정밀한 측정에 주로 사용된다.

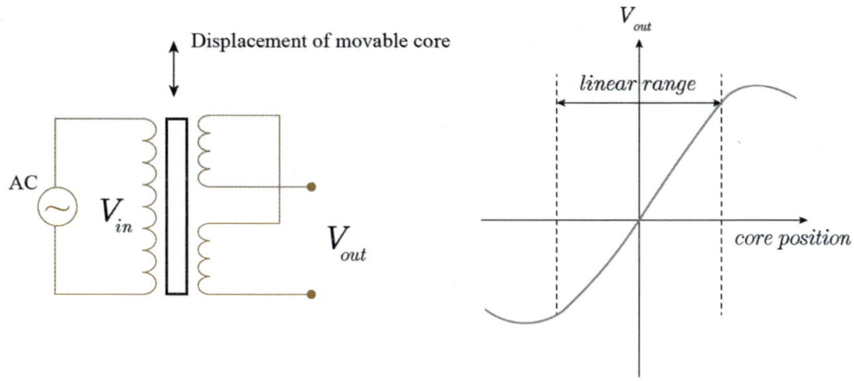

그림 5.7 LVDT 구조 및 출력특성

리졸버(Resolver)

LVDT와 유사한 원리로 회전각을 검출하는데 사용한다. 그림 5.8처럼 고정자 coil V_{S1}, V_{S2}에 각각 cos, sin의 정현파 전압을 가하면 회전자 coil V_R에 위상차가 있는 전압이 얻어져 회전각을 검출할 수 있다.

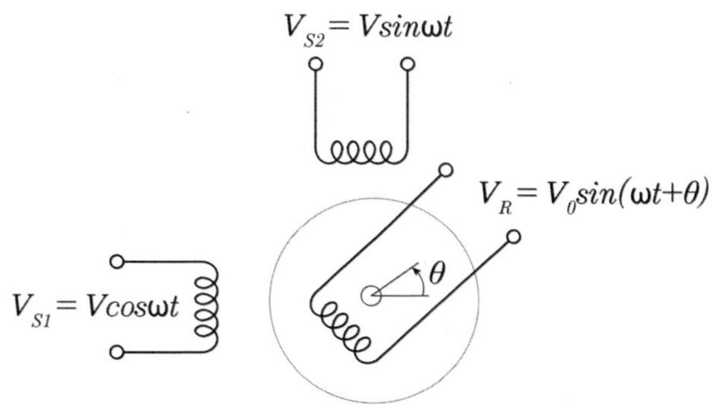

그림 5.8 리졸버 구조 및 출력

3 가속도 센서(Acceleration sensor)

그림 5.9는 기계식 가속도 센서의 구조를 나타내고 있다. 상대변위 $x_r(=x_o - x_i)$와 입력 가속도의 비례관계를 이용하여 측정된 x_r로부터 가속도를 계측한다.

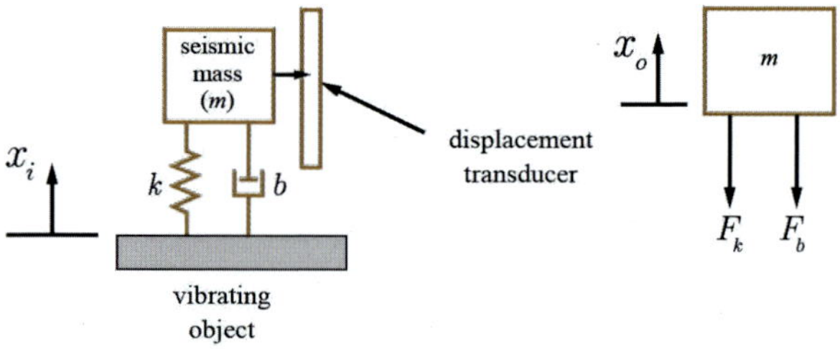

그림 5.9 기계식 가속도계

Newton의 제2운동 법칙에 의해

$$
\begin{aligned}
&-kx_r - b\dot{x}_r = m\ddot{x}_o \\
&m\ddot{x}_r + b\dot{x}_r + kx_r = -m\ddot{x}_i \\
&\frac{1}{\omega_n^2}\ddot{x}_r + \frac{2\zeta}{\omega_n}\dot{x}_r + x_r = -\frac{1}{\omega_n^2}\ddot{x}_i
\end{aligned}
$$

여기에서 각각 $\omega_n = \sqrt{\frac{k}{m}}$, $\zeta = \frac{b}{2\sqrt{km}}$이다.

가속도 센서의 입력 $x_i(t)$와 출력 $x_r(t)$를 각각

$$
\begin{aligned}
x_i(t) &= X_i \sin(\omega t) \\
x_r(t) &= X_r \sin(\omega t + \phi)
\end{aligned}
$$

라 놓으면, 주파수 응답해석에 의해 다음과 같은 관계를 얻을 수 있다.

$$\frac{X_r}{X_i} = \frac{r^2}{[(1-r^2)^2 + (2\zeta r)^2]^{1/2}}$$

여기에서 $r = \omega/\omega_n$이다.

센서의 입력 $x_i(t)$를 두 번 미분하면

$$\ddot{x}_i(t) = -X_i\omega^2 \sin(\omega t)$$

와 같이 입력 가속도가 얻어지며, 위에서 얻은 주파수 응답해석의 결과를 입력 가속도의 진폭에 대한 출력변위(측정값)의 관계로 나타내면 다음과 같다.

$$\frac{X_r\omega_n^2}{X_i\omega^2} = \frac{1}{[(1-r^2)^2 + (2\zeta r)^2]^{1/2}}$$

여기에서 $\omega \ll \omega_n$인 경우 $r \approx 0$이므로

$$X_r\omega_n^2 = X_i\omega^2$$

이 되어, 가속도계를 이용하여 상대진폭 X_r을 측정함으로써 입력가속도의 진폭 X_i를 얻을 수 있다.

한편, 압전식 가속도 센서는 넓은 사용 주파수 대역과 넓은 동적범위에 걸쳐 뛰어난 선형성을 보이며 자가 발전으로 소형화, 단순화가 가능하며 긴 수명과 내구성을 가지고 있다. 반면에 저주파 영역에서 정적특성의 정확한 측정이 곤란한 단점이 있다.

4 힘 및 압력센서(Force and Pressure sensor)

압전식 센서

적층형 또는 박막형이 있으며 작용한 힘이나 압력으로 변형이 생기면 그에 비례한 전압이 발생하는 압전재료의 원리를 이용하여 힘 또는 압력을 측정한다. 그림 5.10 및 5.11에 박막형 압전센서로 압전필름(PVDF; Polyvinylidene fluoride)의 모델과 등가회로를 나타내고 있다.

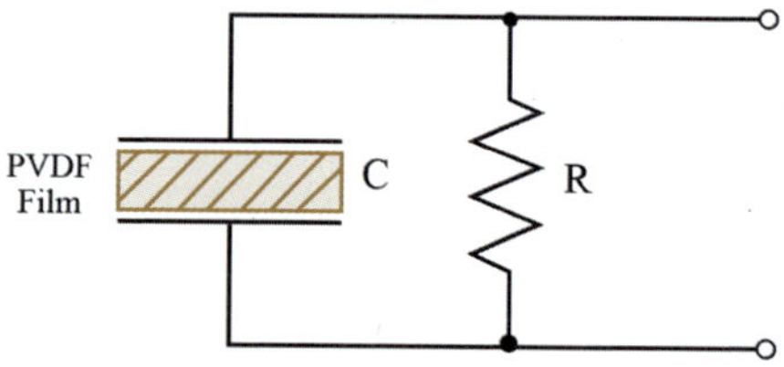

그림 5.10 압전필름(PVDF) 모델[15]

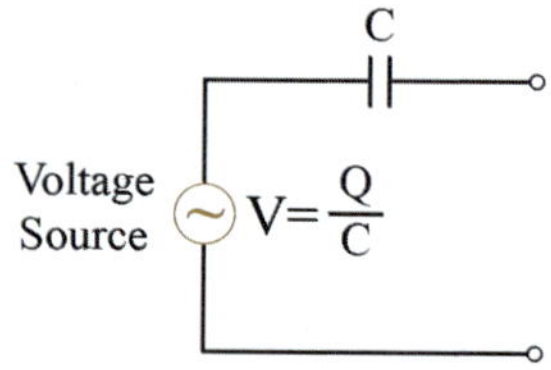

그림 5.11 압전필름(PVDF)의 등가회로[15]

센서의 출력특성(그림 5.12)을 보면 정적인 압력측정보다는 동적으로 변하는 압력측정에 더 적합함을 알 수 있다. 한편, 주파수 응답(그림 5.13)을 보면 고역통과 필터(high-pass filter)와 같은 특성을 보이고 있다. 주파수 응답에서 f_c는 차단주파수이며 낮은 주파수의 응답이 필요할 경우 시정수(time constant)를 크게 하면 된다. 즉, 압전재료(PVDF)의 용량(C)은 정해져 있으므로 저항(R)을 크게 함으로써 차단주파수를 낮게 만들어 저주파 대역에서도 적절한 응답을 얻을 수 있다.

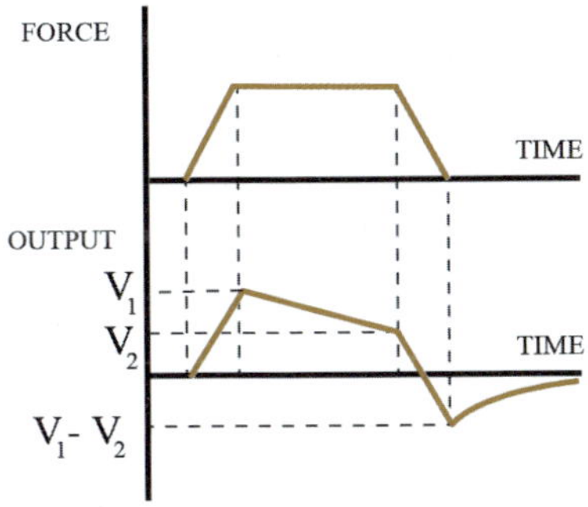

그림 5.12 압전필름의 출력특성[15]

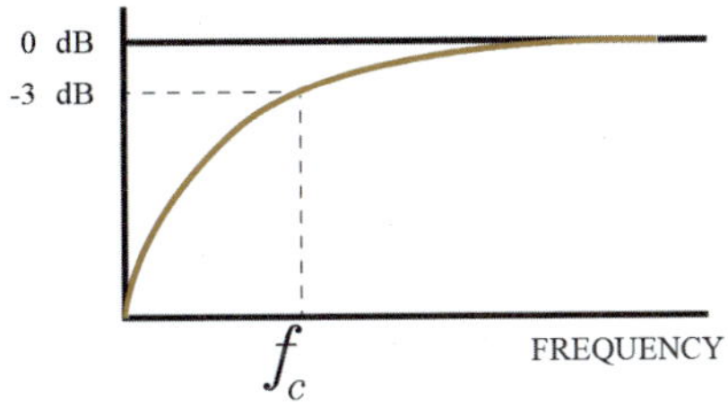

$$f_c = Cut-off\ Frequency = \frac{1}{2\pi \times Time\ Constant} = \frac{1}{2\pi RC}$$

그림 5.13 주파수 응답[15]

박막형 압전 센서(PVDF)의 전하모드(charge mode)의 경우 출력전하 밀도는 다음 식과 같다.

$$D = \frac{Q}{A} = d_{3n}X_n(n = 1,\ 2,\ or\ \ 3)$$

여기에서, D는 발생한 전하 밀도, Q는 발생한 전하, A는 전극 면적, d_{3n}은 축 방향에 작용한 응력 또는 변형률에 대한 압전 상수, n은 축방향(그림 5.14 참조) 그리고 X_n은 가한 스트레스이다.

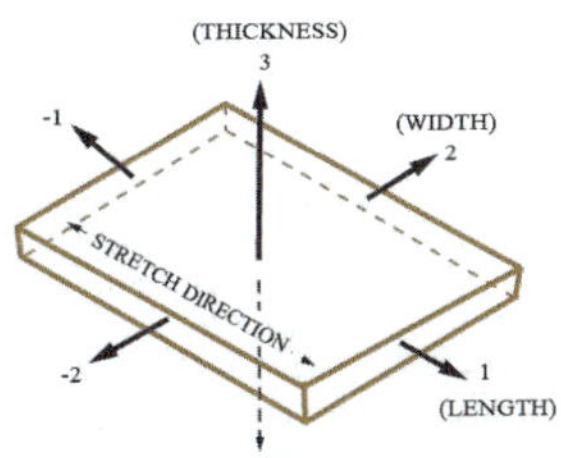

그림 5.14 압전필름의 축방향 분류[15]

전압모드(voltage mode)의 경우, PVDF의 개회로(open circuit) 출력전압은 다음과 같다.

$$V_0 = g_{3n} X_n t (n = 1,\ 2,\ \text{or}\ \ 3)$$

여기에서 g_{3n}은 축 방향에 작용한 응력 또는 변형률에 대한 압전상수, X_n은 작용한 압축력, t는 필름의 두께이다.

저항식 센서

작용한 힘[압력]에 비례하여 저항이 감소하는 원리를 이용하여 힘[압력]을 측정한다. 고분자 필름 표면에 수직 힘이 작용하면 저항이 감소하는 특성을 가진 센서이다. Interlink Electronics의 FSR(Force Sensing Resistor)의 경우 10~10,000(g)의 힘이 변화할 때 저항값은 500 $k\Omega$에서 약 1 $k\Omega$까지 변화한다.

스트레인 게이지(Strain gauge)

스트레인 게이지는 스트레인에 비례한 저항변화를 출력하며, 이를 Wheatstone 브리지 회로를 이용하여 측정함으로써 작용한 힘을 추정할 수 있다. 그림 5.15와 같이 저항선이 지그재그로 배치되어 작용한 변형량에 대하여 높은 감도로 스트레인을 측정할 수 있는 구조로 되어있다.

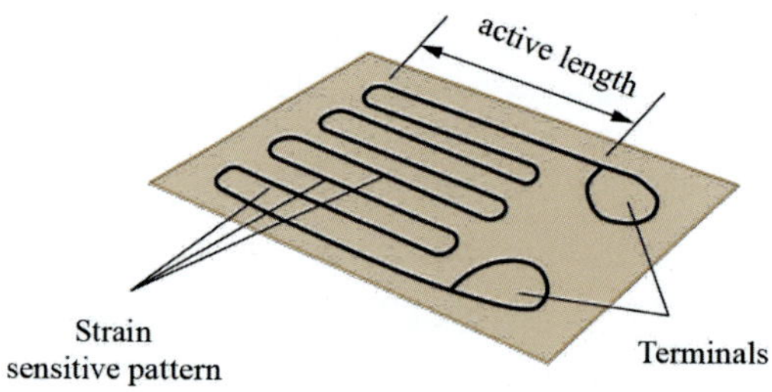

그림 5.15 스트레인 게이지 구조[13]

그림 5.16에서 (A)의 경우는 변형이 발생하지 않은 상태의 스트레인 게이지를 나타내고 있다. 외부에서 작용한 힘에 의해 그림 (B)와 같이 스트레인 게이지가 늘어나게 되면 저항이 증가하게 된다. 저항의 물성은 $R=\rho\dfrac{L}{A}$로서 저항선의 길이에 비례하고 단면적에 반비례하므로 저항선이 늘어나게 되면 저항이 증가하게 된다. 외부 힘에 의해 그림 (C)와 같이 스트레인 게이지가 압축되면 저항이 감소하게 되며, 이와 같은 저항변화를 읽어서 작용한 힘을 측정할 수 있다.

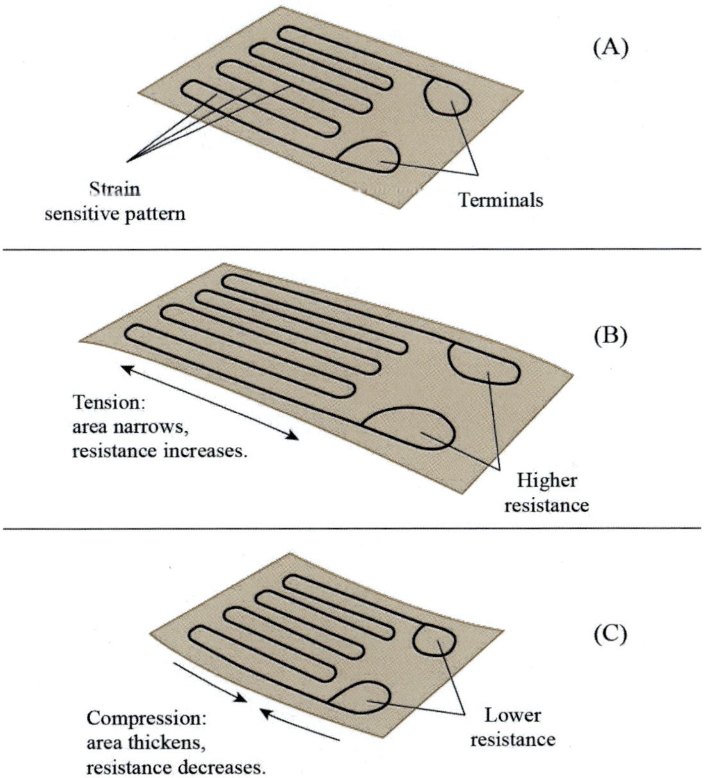

그림 5.16 스트레인 게이지의 작동개념[13]

통상 스트레인 게이지에 Wheatstone 브리지 회로를 연결하여 게이지의 저항변화를 측정하는데 정적평형모드와 동적모드가 있다. 정적평형모드(그림 5.17)는 정적인 힘을 측정하는 방법으로, 스트레인 게이지(R_1)에 저항변화가 발생하면 A, B 양단의 전압차이가 발생하게 되며 포텐셔미터(R_4)를 미세 조정하여 양단의 전압차이를 0(Galvanometer G를 이용하여 전류흐름 측정)으로 하였을 때의 저항을 읽어 스트레인 게이지 저항 값을 측정하는 방법이다.

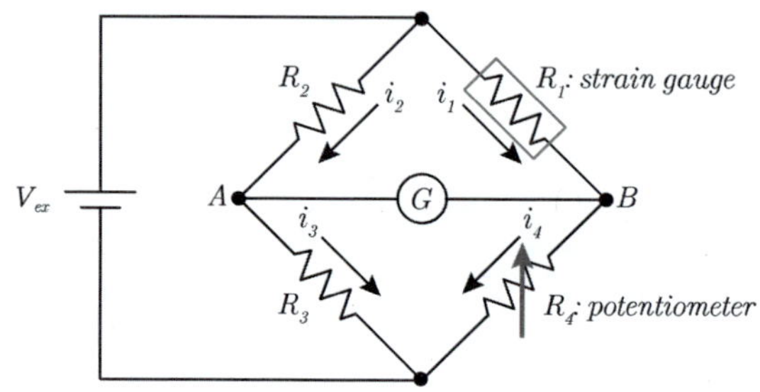

그림 5.17 정적평형 모드

한편, 동적모드는 Wheatstone 브리지 회로에 차동증폭기를 연결하여 증폭기의 출력전압의 변화로 스트레인 게이지의 저항변화를 측정하는 방법이다. 그림 5.18에서 출력전압 V_{out}은

$$\begin{aligned} V_{out} &= v_2 - v_1 \\ &= \left(\frac{R_3}{R_2 + R_3} - \frac{R_4}{R_1 + R_4}\right) V_{ex} \end{aligned}$$

여기에서 스트레인 게이지 R_1은 작용한 힘에 의해 $R + \delta R$이 되며, 나머지 저항들을 $R_2 = R_3 = R_4 = R$로 놓으면 출력전압 V_{out}은

$$\begin{aligned} V_{out} &= \left(\frac{R}{2R} - \frac{R}{2R + \delta R}\right) V_{ex} \\ &= \frac{\delta R}{4R + 2\delta R} V_{ex} \approx \frac{\delta R}{4R} V_{ex} \, (\because 4R \gg 2\delta R) \end{aligned}$$

이 된다. 여기에서는 Wheatstone 브리지 회로의 4개의 저항 중 1개만 스트레인 게이지로 대체된 Quarter bridge의 경우로서, 스트레인 게이지가 각각 2개(Half bridge), 4개(Full bridge) 사용되면 출력전압의 감도는 각각 2배, 4배가 된다. 스트레인 게이지는 온도변화에 민감한 특성이 있어 온도변화에 의한 저항변화를 상쇄하기 위한 방법으로 4개의 저항 중에 하나를 더미 게이지(dummy strain gauge)로 대체하는 측정방법이 사용되기도 한다.

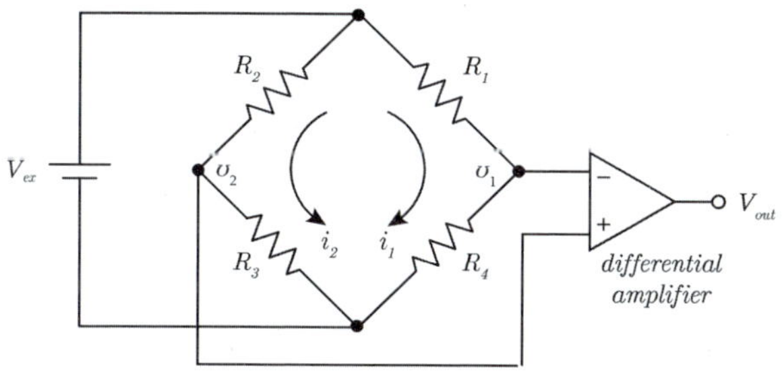

그림 5.18 동적변형 모드

Load cell

로드 셀은 하중변환기로 불리며, 압축 또는 인장에 대한 힘 검출기이다. 검출원리는 스트레인 게이지의 응용으로 원주형 또는 각주형의 부재에 여러 장의 스트레인 게이지를 부착하여 부재의 변형에 따른 각 부위의 변형을 측정함으로써 작용하는 힘을 측정한다. 내 환경성이 우수하며 측정 정도도 높다.

F/T 센서(Force and Torque sensor)

로드 셀의 확장 형태로 3축 방향의 힘과 센서에 가해지는 모멘트를 측정할 수 있는 역각센서(力覺, inner force sensor)가 있다. 힘–토크 센서(force–torque sensor),

6축 힘 센서로도 불리며, 로봇 팔 등에 장착되어 힘 제어에 사용되고 있다.

물체의 무게나 동작 중에 발생하는 힘 또는 토크를 측정하는데, 스트레인 게이지를 이용한다. 힘이 가해지면 뒤틀리는 특성을 가지고 있으며 뒤틀림에 비례하여 게이지에 흐르는 전류가 변화한다. 이러한 특성을 이용하여 힘(F_x, F_y, F_z)과 토크(T_x, T_y, T_z)의 3차원 벡터를 측정한다.

F/T 센서의 원리(로봇 암 선단 적용 예)

① 그림 5.19처럼 로봇 암 선단(hand 등)에 작용하는 힘과 토크에 의해 변형이 발생하도록 설계된 구조체에 6개의 스트레인 게이지가 부착되어 각각의 스트레인 게이지에 힘을 전달한다.

② 로봇 암 선단에 접촉이 발생하고 접촉력이 스트레인 게이지에 전달되면 6개의 게이지들에 대한 뒤틀림의 정도를 ST_{G0}에서 ST_{G5}까지 총 6개의 변수로 얻고, 이 값이 교정된 강성 매트릭스(Calibration stiffness matrix)와 곱해져서 최종적으로 3축에 대한 힘과 토크를 측정하게 된다.

$$\begin{bmatrix} Fx_{G0} & Fx_{G1} & Fx_{G2} & Fx_{G3} & Fx_{G4} & Fx_{G5} \\ Fy_{G0} & Fy_{G1} & Fy_{G2} & Fy_{G3} & Fy_{G4} & Fy_{G5} \\ Fz_{G0} & Fz_{G1} & Fz_{G2} & Fz_{G3} & Fz_{G4} & Fz_{G5} \\ Tx_{G0} & Tx_{G1} & Tx_{G2} & Tx_{G3} & Tx_{G4} & Tx_{G5} \\ Ty_{G0} & Ty_{G1} & Ty_{G2} & Ty_{G3} & Ty_{G4} & Ty_{G5} \\ Tz_{G0} & Tz_{G1} & Tz_{G2} & Tz_{G3} & Tz_{G4} & Tz_{G5} \end{bmatrix} \begin{bmatrix} ST_{G0} \\ ST_{G1} \\ ST_{G2} \\ ST_{G3} \\ ST_{G4} \\ ST_{G5} \end{bmatrix} = \begin{bmatrix} F_x \\ F_y \\ F_z \\ T_x \\ T_y \\ T_z \end{bmatrix}$$

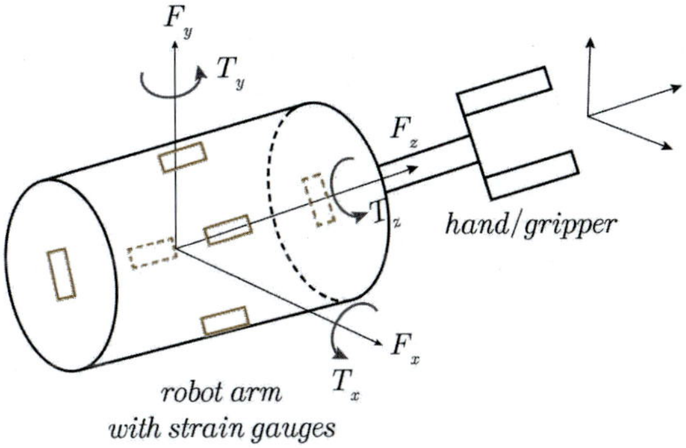

그림 5.19 F/T 센서의 구조(로봇 암 선단 적용 예)

F/T 센서의 적용사례

로봇 팔 힘 제어(Force feedback control), 산업용 로봇, 인간-로봇 협동작용 임무(Human-robot collaboration task), Exoskeleton, 힘/토크 계측 장비, 의료용 계측장비, 차량 및 로봇의 주행성능 평가 등 산업용 및 연구용으로 다양한 분야에 사용된다.

5 접촉 및 촉각센서(Touch and Tactile sensor)

접촉센서(Touch sensor)는 물리적인 접촉을 검출하는 센서이다. 간단한 스위치 형태부터 접촉력의 크기까지 알 수 있는 힘 센서 등 다양한 형태의 센서가 장애물의 검출 등에 사용되고 있다.

그림 5.20에 분포형 PVDF 촉각센서의 예를 보이고 있는데, 촉각센서(Tactile sensor)는 접촉유무 뿐만 아니라 접촉상태(힘의 크기 및 분포 등)까지 검출할 수 있는 센서이다.

촉각센서의 형태로는 스위치 형(Switch type), 저항 형(Piezoresistive type), 광학 형(Optical type) 등이 있다. 스위치 형은 물체의 존재를 검출하는 가장 간단한 구조로서 오픈(open) 상태의 전극에 최소 힘(threshold force)이 가해지면 전기적인 단락(short)에 의해 전류가 흐르는 것을 검출하는 원리이다. 저항 형은 수직 힘(normal force)이 증가하여 단면을 변화시키면 접촉 면적이 증가하고 그에 따라 접촉저항이 감소하여 출력이 변하는 원리를 이용한 것이다. 광학 형은 매우 높은 분해능을 가지는 촉각센서로서 기본원리는 광원(light source)에서 방출된 빛이 검출기(detector)로 가는 동안 접촉물체에 의해 변형이 되는 것을 검출하는 것이다.

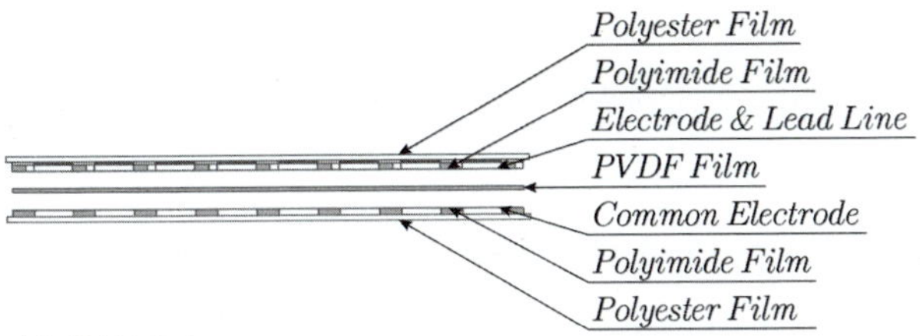

(a) 센서 구조

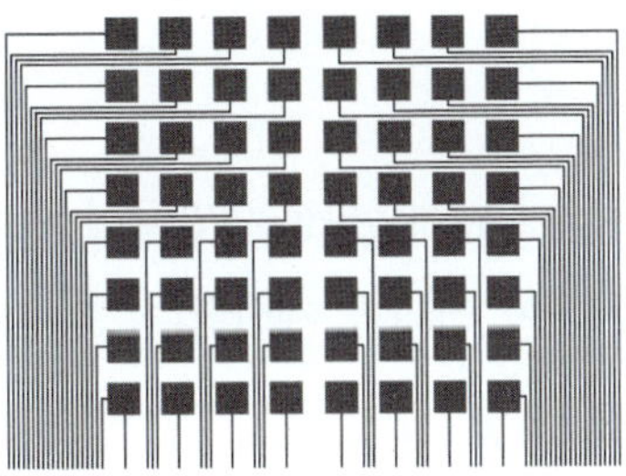

(b) 전극 패턴

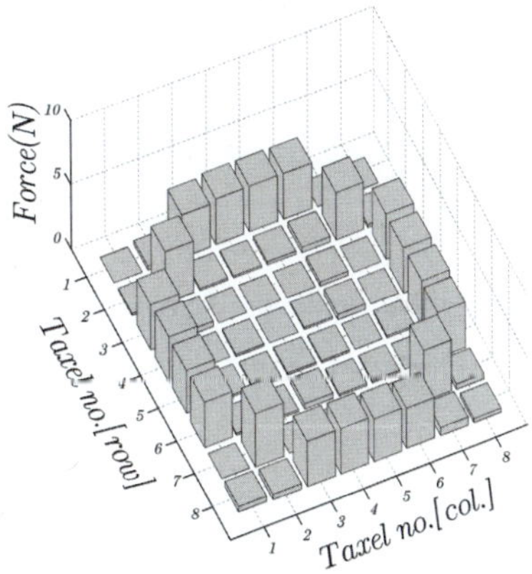

(c) 측정 예(도넛 형상)

그림 5.20 분포형 PVDF 촉각센서

6 거리 센서(Range finders)

거리센서는 넓은 범위에 걸쳐 장애물을 검출하고 환경지도를 작성하는데 사용된다. 빛(가시광선, 적외선, 레이저 등)이나 초음파에 기반을 두고 있으며, 측정방법은 삼각측량법과 주행거리 측정방법이 있다.

삼각측량(Triangulation)

삼각측량법은 그림 5.21과 같이 단일광선으로 물체 위에 한 점을 만들어 주고, 그 점과 광원, 수신기가 이루는 삼각형의 관계를 이용하여 거리를 계산한다. 그림으로부터

$$\tan\beta = \frac{d}{l_1}, \quad \tan\alpha = \frac{d}{l_2}, \quad L = l_1 + l_2$$

이며, 이를 이용하면 다음과 같이 거리 d를 얻을 수 있다.

$$d = \frac{L\tan\alpha\tan\beta}{\tan\alpha + \tan\beta}$$

L과 β는 이미 알고 있으므로 α가 측정되면 d를 계산할 수 있다.

주행거리 측정방법(TOF; Time Of Flight)

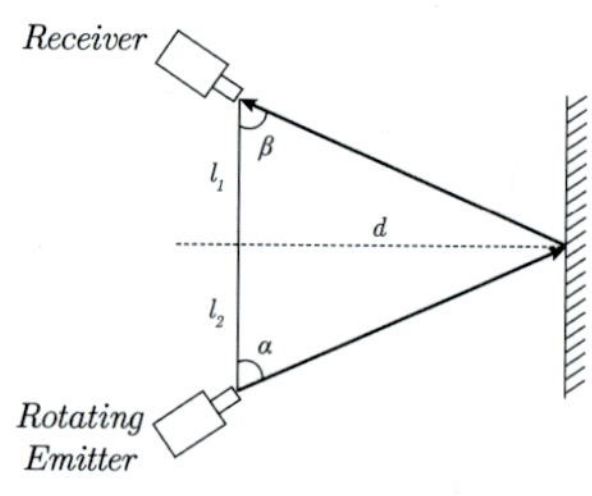

그림 5.21 거리측정을 위한 삼각측량법

센서로부터 송출된 신호가 물체에 반사되어 되돌아오는데 걸리는 시간을 측정하여 거리를 계측하는 방법으로 초음파, 레이저, 전파 등을 이용한다.

초음파 센서(Ultrasonic sensor)

초음파 센서는 구조가 간단하고 저가이며 저전력 소자로서 이동 로봇 등에 장착하여 주위의 물체나 장애물을 검출하는데 많이 사용된다. 초음파를 콘(cone) 형태로 방사하여 물체에 부딪혀 되돌아 오는 시간으로 거리를 측정하는 TOF 방식 센서로서 해상도, 최대 검출거리(약 수 m), 검출속도(음파의 속도 340m/s) 등에 제한이 있다. 주파수 범위는 통상 40~180kHz가 사용되며 측정영역은 센서의 규격에 따라 달라지지만 ±30° 내외의 각도로 수 cm에서 수 m의 거리에 존재하는 물체와의 거리를 검출한다. 이때 검출영역에 복수의 물체가 존재할 경우 가장 가까운 물체와의 거리를 검출하며 물체의 크기나 형상은 알 수 없어 주로 이동체 주위의 장애물 검출에 이용되고 있다.

레이저 레인지 센서(Laser range sensor)

그림 5.22는 Phase-shift measurement 방식의 레이저 레인지 센서이다. 방사된 레이저 광과 반사된 레이저 광 사이의 위상차를 이용하여 거리를 측정하는 방식으로 반사경을 이용한 기계적인 구조로 2차원(2D) 또는 3차원(3D) 거리를 측정한다.

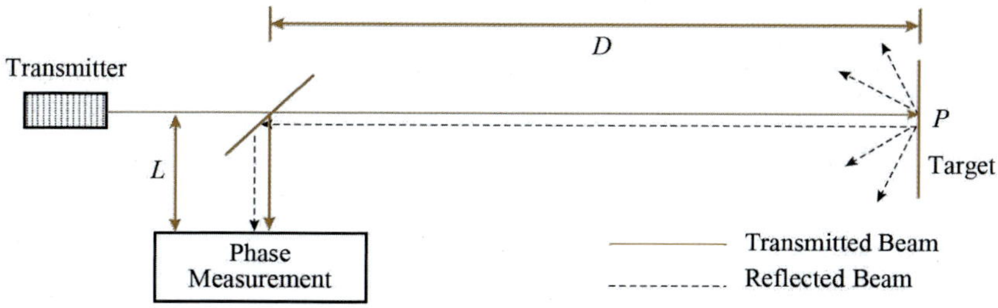

그림 5.22 레이저 레인지 센서의 개략도[4]

LiDAR(Light Detection And Ranging) **cf. RADAR(RAdio Detection And Ranging)**

라이다 센서 기술은 항공기 및 위성에 탑재되어 정밀한 지구지형 및 환경관측에 사용될 뿐만 아니라, 우주 정거장과 우주선의 도킹, 우주탐사 등에도 활용되고 있다. 최근에는 자율주행차의 3차원 영상복원을 위한 핵심 센서기술로 활용되면서 더욱 주목받고 있다.

라이다 시스템의 기본구성은 그림 5.23과 같이 레이저 송신부 및 검출부, 신호수집 및 처리부로 구성되어 있다. 레이저 신호의 변조방법에 따라 time-of-flight(TOF) 방식과 위에서 언급한 phase-shift 방식으로 구분된다.

레이저 광원은 250nm부터 11μm까지의 파장영역에서 특정파장을 가지거나 파장 가변이 가능한 레이저 광원들이 사용되며, 최근에는 소형, 저전력이 가능한 반도체 레이저 다이오드가 많이 사용된다.

현재 상용화된 3D 레이저 스캐너는 특정방향의 시야각(Field Of View; FOV)에 대하여 동시측정하고 순차적으로 회전하여 스캐닝함으로써 3D 영상수집을 하는 기술로서, 제한된 수직방향의 시야각과 360도 또는 수십도의 스캐닝 각도를 지원한다. 그림 5.24는 multi-layer 기술을 적용한 레이저 스캐너로 0.8도의 수직 해상도를 가지는 4-layer 레이저 빔을 이용하여 3.2도의 수직 시야각을 구성하는 사례를 보이고 있다. 이와 같이 각 수직 라인에 대한 거리 정보를 전 방위적으로 얻어 3차원적인 거리(영상)정보를 실시간으로 얻을 수 있다.

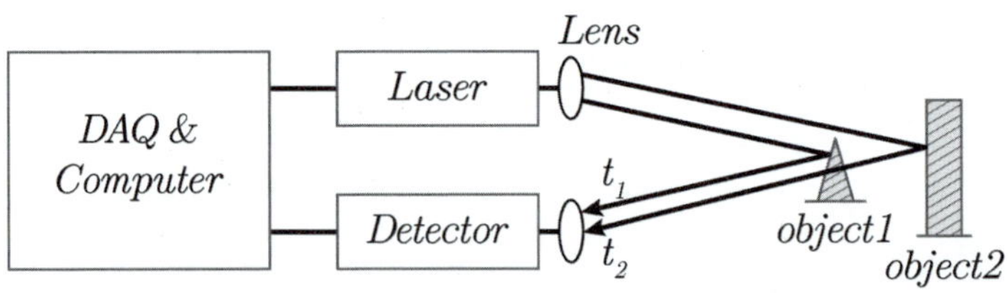

그림 5.23 Lidar 시스템의 기본구성과 동작원리

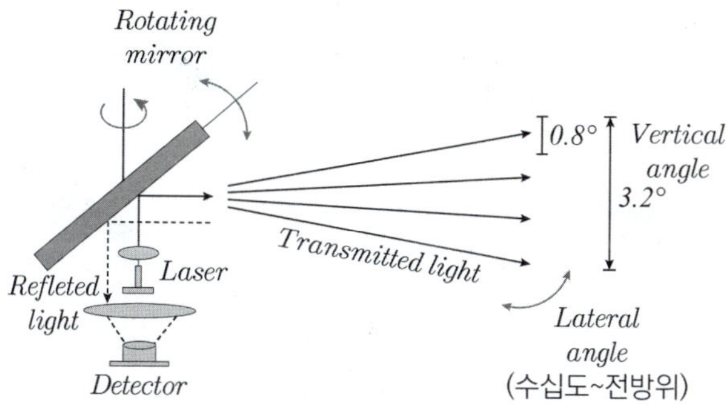

그림 5.24 Lidar 시스템의 Multi-layer 레이저 스캐너

GPS(Global Positioning System)

미국 국방성에서 군사용으로 개발된 광역위치측정 시스템으로 민간용으로도 광범위하게 사용되고 있으며, 위성에서 수신기까지 전파도달시간을 측정함으로써 정확한 3차원 위치, 속도, 시각을 측정할 수 있다.

GPS의 수신범위를 커버하기 위하여 24개의 위성이 20,190km의 고도에서 6개의 경사궤도면을 12시간 주기로 지구주위를 비행하고 있다. 3차원 위치를 측정하는데 최소 4개(미지의 3차원 위치 + 수신기 시계의 바이어스 오차)의 위성신호가 필요하며, TOF 방법으로 측정한다.

그림 5.25에서 i번째 위성과 수신기 사이의 의사거리 pr_i는 다음과 같이 얻어진다.

$$pr_i = \sqrt{(u_x - x_i)^2 + (u_y - y_i)^2 + (u_z - z_i)^2} + c \cdot \Delta T_b$$

여기에서, c는 빛의 속도($3 \times 10^8 m/s$), ΔT_b는 수신기 시계의 바이어스 오차이다.

위와 같이 4개의 위성 신호를 이용하여 u_x, u_y, u_z 및 ΔT_b 등 4개의 미지수를 결정함으로써 사용자의 3차원 위치를 알 수 있다.

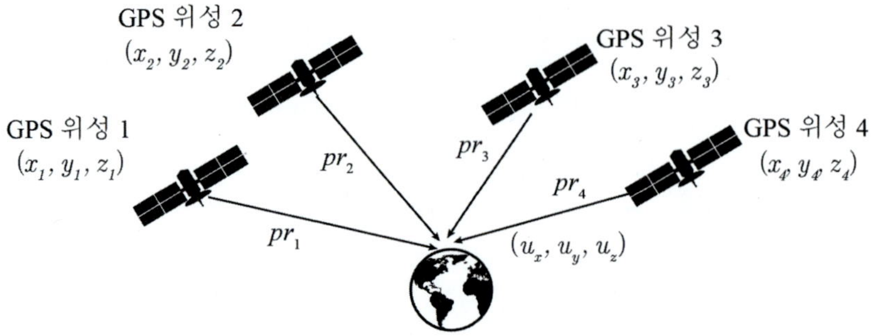

그림 5.25 GPS 위성과 지구고정 좌표계

한편, GPS의 오차를 줄이기 위한 방법으로 Differential GPS(DGPS)가 사용되기도 한다. DGPS는 위치가 미리 측정된 기준국(고정국)과 사용자(이동국)로 구성되어 기준국에서 GPS 위성 신호를 수신하여 계산한 위치 값과 이미 알고 있는 위치 값을 비교하여 오차를 보정한다. 이렇게 보정된 오차를 주변의 사용자에게 전파함으로써 기준국과 사용자의 공통오차를 제거하여 GPS의 정도향상에 기여할 수 있다.

7 방향센서(Heading sensor)

나침반(Compass)

BC 2000년부터 사용되어 왔으며 지구의 자기장을 이용하여 방향을 측정한다. 자성물체 등에 의해 쉽게 간섭받으며 실내공간에서 사용이 곤란한 단점이 있다.

자이로스코프(Gyroscope)

각운동량의 원리에 기초하여 방향을 측정하거나 특정 방향을 유지하는 장치(그림 5.26)로 항공기의 경우, 항공기에 부착된 자이로스코프의 외부 틀이 항공기의 자세변화와 함께 회전하게 되는데, 이때 기준좌표계로부터 회전각을 측정한다.

한편 Rated gyro는 gimbal의 움직임을 제한하여 방향 대신 각속도를 측정하는 장치로, 스프링에 구속된 gimbal의 변위로부터 코리올리 힘을 검출하고 이로부터 회전속도를 측정하는 원리이다.

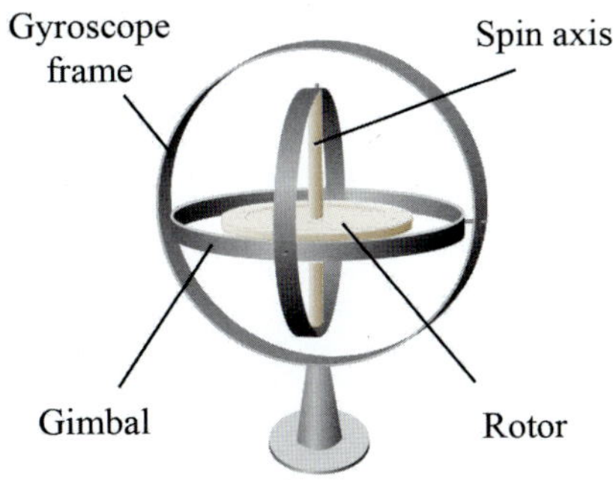

그림 5.26 기계식 자이로스코프의 구조[13]

제6장

영상처리 기초

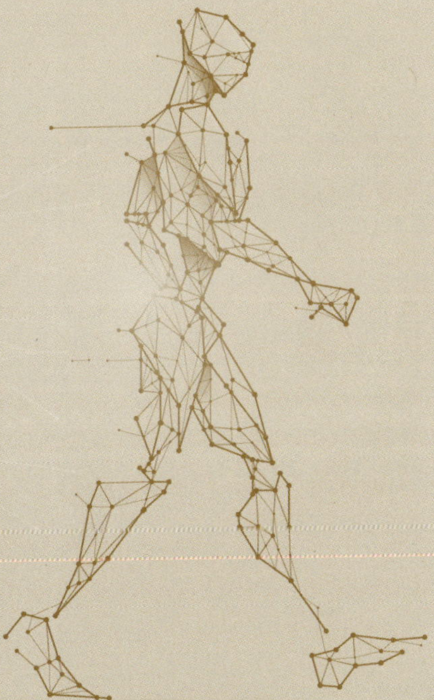

제6장

영상처리 기초

영상처리는 최근 비약적인 발전을 이루었으며, 로봇뿐만 아니라 제조업, 의료, 보안 감시 등 다양한 분야에서 폭넓게 응용되고 있다. 로봇에 있어서도 영상처리는 매우 중요하며, 인간의 시각과 같은 기능을 하는 로봇비전의 큰 부분을 차지하고 있다. 입력된 영상의 적절한 처리와 해석을 통해 주변 물체 또는 인물의 특정, 주변 환경의 이해 및 위치추정이 가능하게 된다.

이 장에서는 로봇비전에 사용되는 영상처리의 기초적인 개념과 주요한 처리방법을 소개한다.

1 해상도(Resolution)와 양자화(Quantization)

해상도(그림 6.1)는 입력된 영상의 화소(pixel) 수가 얼마나 많은지를 나타내며, 해상도가 높을수록 이용 가능한 정보가 많아진다.

한편, 양자화(그림 6.2)는 각 화소 당 얼마나 많은 데이터를 저장하고 있는지를 나타내며, 보통 화소 당 비트(bit) 수로 나타낸다.

그림 6.1 해상도에 따른 이미지 변화

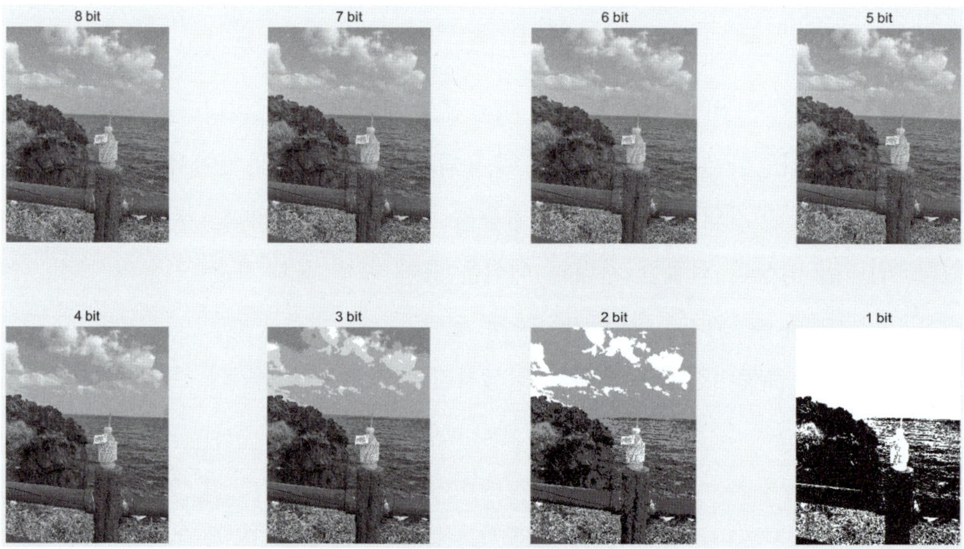

그림 6.2 양자화에 따른 이미지 변화

2 히스토그램(Histogram)

히스토그램은 영상의 명암 값에 대한 분포를 나타내는 그래프로서 각 화소의 명암 값이 어느 정도의 빈도로 분포하는지를 알 수 있다.

히스토그램 균등화(Histogram equalization)

영상의 히스토그램 분석을 통해 명암이 한쪽으로 편중되어 있는 것을 좀 더 넓은 밝기 영역으로 분포되도록 히스토그램을 펼치는 연산이다. 그림 6.3에 개념과 그림 6.4에 처리 사례를 나타내었다.

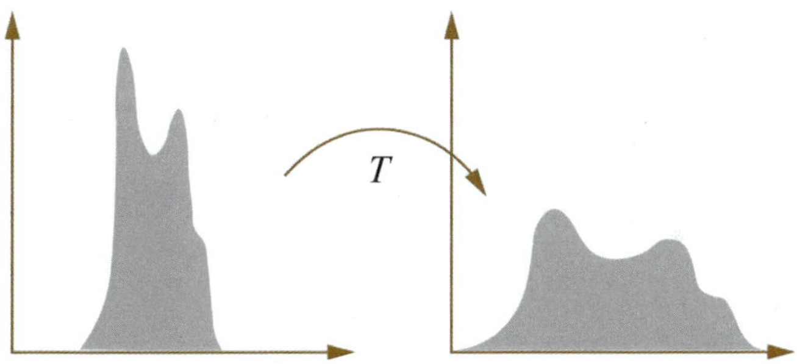

그림 6.3 히스토그램 균등화 개념

An unequalized image

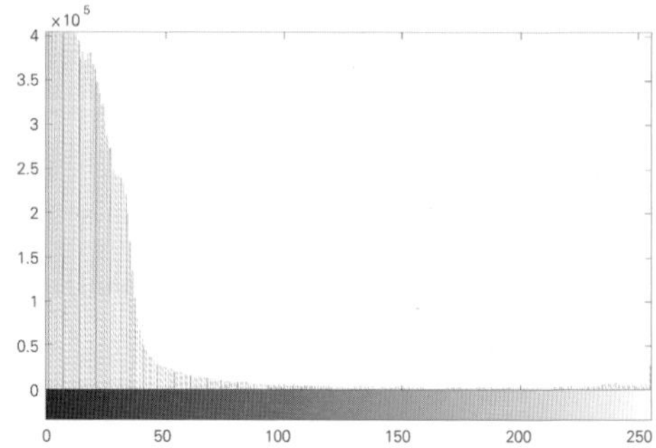

Corresponding histogram

The same image after histogram equalization

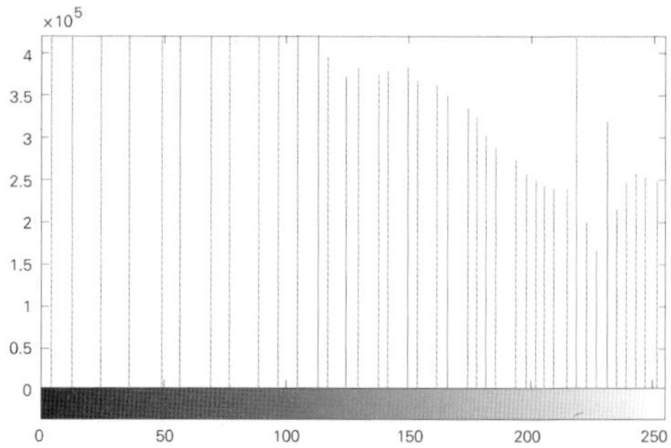

Corresponding histogram

그림 6.4 히스토그램 균등화 사례

3 임계화(Thresholding)

임계화는 영상분할의 간단한 방법으로서 그레이 레벨의 영상을 이치화 연산을 통해 임계치(threshold)보다 작으면 화소들의 값을 0으로 치환하고 임계치보다 크면 1로 치환하는 연산이며, 문자인식이나 물체인식 등에 주로 사용된다. 그림 6.5와 같은 입력 이미지에 대하여 4단계의 임계치를 적용한 처리결과(그림 6.6)를 보면 임계치가 커질수록 검정색(0)으로 표현되는 영역이 커짐을 알 수 있다.

그림 6.5 입력 이미지

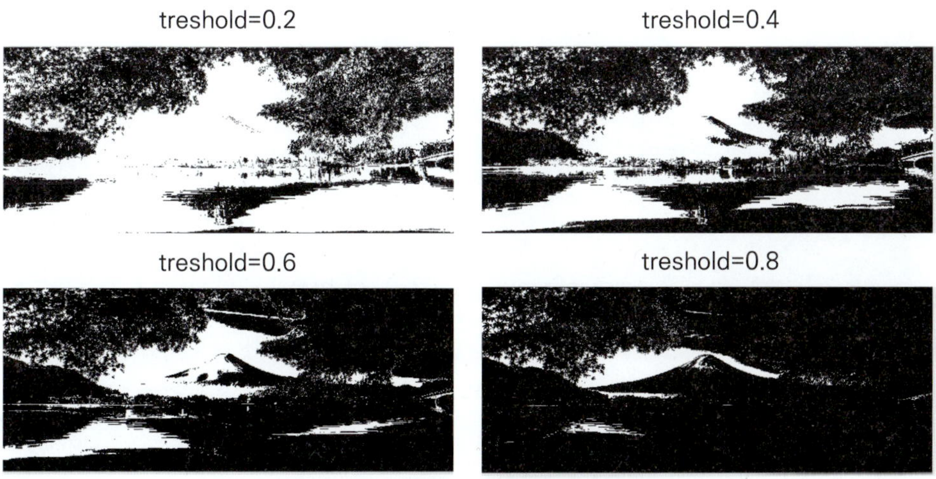

그림 6.6 Thresholding 처리결과

4 평활화 필터(Smoothing filter)

저역통과 필터의 한 종류로 영상에서 잡음을 제거하거나 영상의 화소를 흐리게 하거나 희미하게 하는 연산이다.

평균 필터(Mean filter)

이웃하는 주변 화소의 평균값을 채택하는 필터로 고주파 영역의 성분을 제거하는 효과가 있다.

미디언 필터(Median filter)

그림 6.7처럼 기준화소의 명암 값을 주변화소의 중간 값으로 바꾸는 연산이다. 그림 6.8에 Smoothing 필터의 결과를 나타내고 있다.

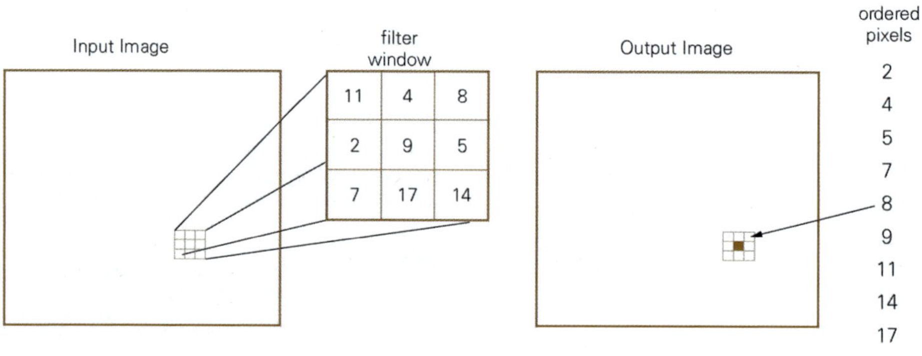

그림 6.7 Median filter의 역할

Original image(noise) Average filter Median filter

그림 6.8 Smoothing filter 결과(평균필터, 미디언 필터)

5 윤곽 검출(Edge detection)

Edge는 영상에 존재하는 물체의 윤곽으로서 영상의 밝기가 급격히 변하는 지점이며, 그림 6.9처럼 다양한 edge profile이 있다. Edge 검출을 통해서 물체의 윤곽을 추출하고 불필요한 정보를 제거할 수 있으며, 수학적, 경험적 방법을 포함한 다양한 기법들이 사용되고 있다. 물체의 윤곽(edge)은 물체의 특징적인 정보를 포함하고 있어 물체의 형상을 이해하는데 도움을 주기 때문에 영상이해의 전처리과정에서 필수적이다.

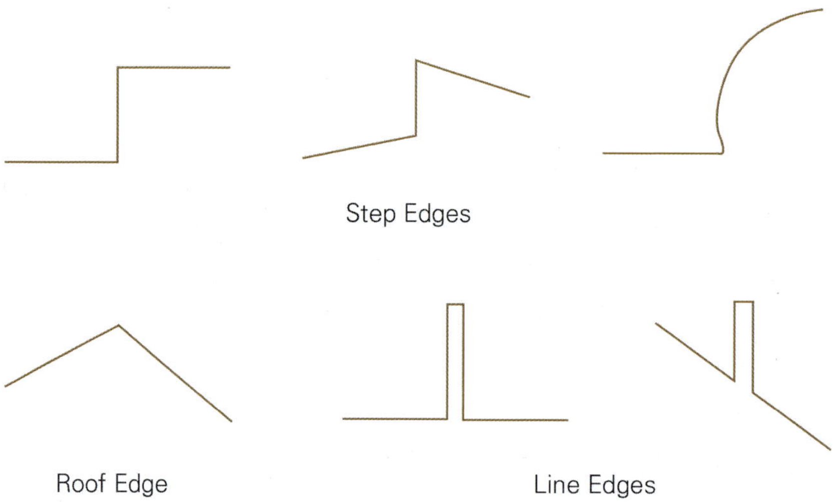

그림 6.9 이미지의 edge profile

영상 기울기(Image gradient)

① 영상의 기울기 표현

$$\nabla f = \left[\frac{\partial f}{\partial x}, \frac{\partial f}{\partial y}\right]$$

② 방향에 따른 영상의 기울기

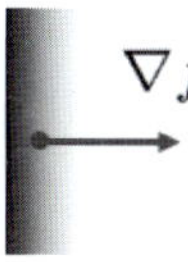

$$\nabla f = \left[\frac{\partial f}{\partial x}, 0\right]$$

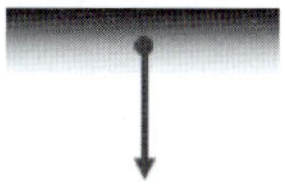

$$\nabla f = \left[0, \frac{\partial f}{\partial y}\right]$$

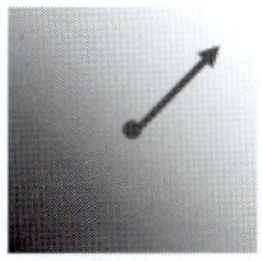

$$\nabla f = \left[\frac{\partial f}{\partial x}, \frac{\partial f}{\partial y}\right]$$

③ 기울기 방향

$$\theta = \tan^{-1}\left(\frac{\partial f}{\partial y} / \frac{\partial f}{\partial x}\right)$$

④ 기울기 크기에 의한 엣지 강도

$$\|\nabla f\| = \sqrt{\left(\frac{\partial f}{\partial x}\right)^2 + \left(\frac{\partial f}{\partial y}\right)^2}$$

미분에 의한 윤곽 검출

윤곽 검출을 위해서 1차 및 2차 미분을 사용한다(그림 6.10 참조).

① 1차 미분

$$f'(x) = \lim_{dx \to 0} \frac{f(x+dx) - f(x)}{dx}$$

dx는 한 화소에 해당하므로 단순화 시키면

$$F'(x) = F(x+1) - F(x)$$

이를 x, y방향에 대하여 적용하면

$$\frac{dF}{dx} \approx F(x+1) - F(x-1)$$

$$\frac{dF}{dy} \approx F(y+1) - F(y-1)$$

② 2차 미분

$$\begin{aligned} F''(x) = \frac{\partial^2 F}{\partial x^2} &= [F(x+1) - F(x)]' \\ &= [F(x+1) - F(x)] - [F(x) - F(x-1)] \\ &= F(x-1) - 2F(x) + F(x+1) \end{aligned}$$

2차 미분에 기초한 Laplacian

$$\text{Laplacian}(0°,\ 90°) = \begin{bmatrix} 0 & 1 & 0 \\ 1 & -4 & 1 \\ 0 & 1 & 0 \end{bmatrix}$$

$$\text{Laplacian}(45°) = \begin{bmatrix} 1 & 0 & 1 \\ 0 & -4 & 0 \\ 1 & 0 & 1 \end{bmatrix}$$

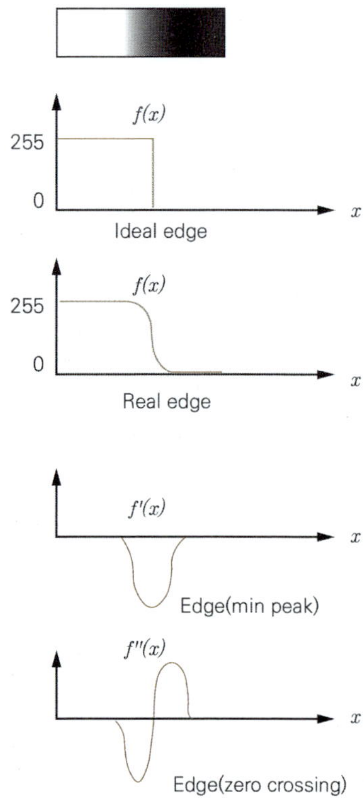

그림 6.10 엣지 및 1, 2차 미분[3]

윤곽 검출 연산자

윤곽 검출을 위해 다양한 edge operator가 제안되었으며 대표적인 operator는 다음과 같다(그림 6.11 및 6.12).

① Sobel operator

$$S_x = \frac{1}{8}\begin{bmatrix} -1 & 0 & 1 \\ -2 & 0 & 2 \\ -1 & 0 & 1 \end{bmatrix} \qquad S_y = \frac{1}{8}\begin{bmatrix} 1 & 2 & 1 \\ 0 & 0 & 0 \\ -1 & -2 & -1 \end{bmatrix}$$

그림 6.11 Sobel operator

② Gradient operator

(a)

$$\Delta_1 = \begin{matrix} 0 & 1 \\ -1 & 0 \end{matrix} \qquad \Delta_2 = \begin{matrix} 1 & 0 \\ 0 & -1 \end{matrix}$$

(b)

$$\Delta_1 = \begin{matrix} -1 & 0 & 1 \\ -1 & 0 & 1 \\ -1 & 0 & 1 \end{matrix} \qquad \Delta_2 = \begin{matrix} 1 & 1 & 1 \\ 0 & 0 & 0 \\ -1 & -1 & -1 \end{matrix}$$

(c)

$$\Delta_1 = \begin{matrix} -1 & 0 & 1 \\ -2 & 0 & 2 \\ -1 & 0 & 1 \end{matrix} \qquad \Delta_2 = \begin{matrix} 1 & 2 & 1 \\ 0 & 0 & 0 \\ -1 & -2 & -1 \end{matrix}$$

(d)

$$\Delta_1 = \begin{matrix} -3 & -1 & 1 & 3 \\ -3 & -1 & 1 & 3 \\ -3 & -1 & 1 & 3 \\ -3 & -1 & 1 & 3 \end{matrix} \qquad \Delta_2 = \begin{matrix} 3 & 3 & 3 & 3 \\ 1 & 1 & 1 & 1 \\ -1 & -1 & -1 & -1 \\ -3 & -3 & -3 & -3 \end{matrix}$$

그림 6.12 (a) Robert's cross operator (b) 3x3 Prewitt operator
(c) Sobel operator (d) 4x4 Prewitt operator

③ Canny edge detector

Canny edge detection은 1986년 John F. Canny에 의해 개발된 알고리즘으로 잡음에 민감한 edge를 정확하게 검출하면서 실제 edge의 중심을 검출하여 하나의 edge를 하나의 점으로 표현하는 특징이 있다. 통상, 노이즈 제거를 위한 가우시안 필터링, Sobel filter를 이용한 gradient 계산, Non-maximum suppression, Double thresholding 및 Hysteresis edge tracking의 단계를 거친다(그림 6.13).

한편, 다양한 Edge operator에 의한 검출 결과를 그림 6.14에 나타내고 있다.

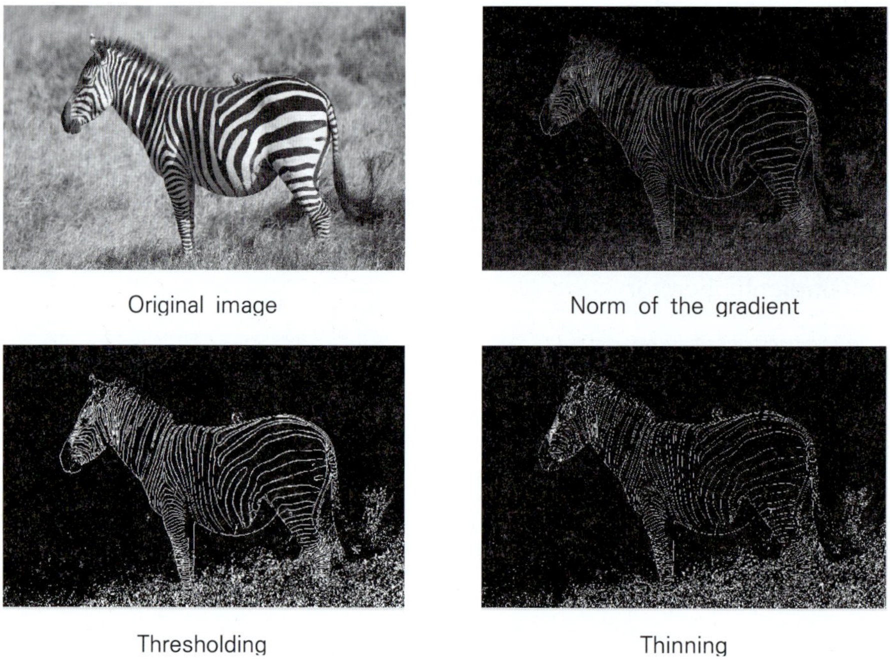

그림 6.13 Canny edge detection 결과

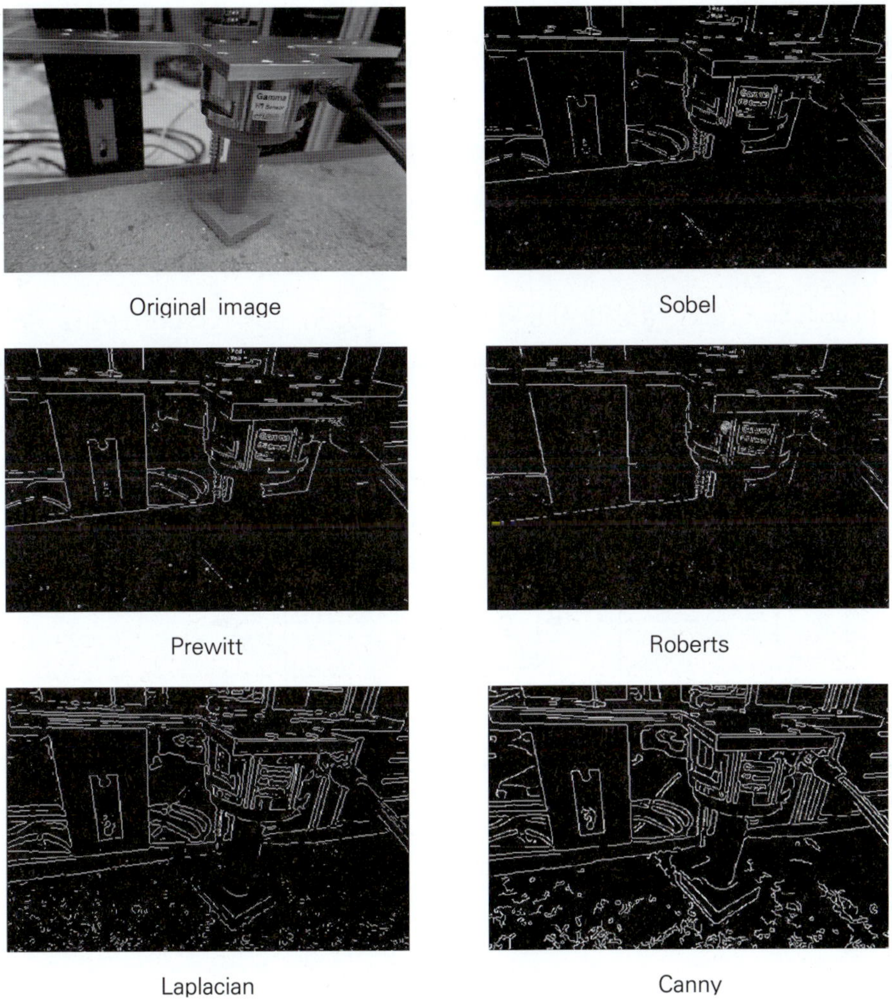

그림 6.14 다양한 Operator의 Edge detection 결과

6 Template matching

물체를 분류하는데 사용하는 기법으로 검출하려고 하는 대상을 나타내는 부분영상(template)을 입력영상 내에서 이동시켜 영상의 각 부분에서 template와의 유사도(상관)를 조사하여 가장 유사도가 높은 위치를 검출하는 방법(그림 6.15)이다. Template으로 단순한 영상이 사용되며, 문자나 숫자, 작고 간단한 물체를 특정하는데 사용된다. 그림 6.16의 처리결과에서 탬플릿 이미지와 가장 잘 매칭되는 지점을 표시하고 있는 것을 알 수 있다.

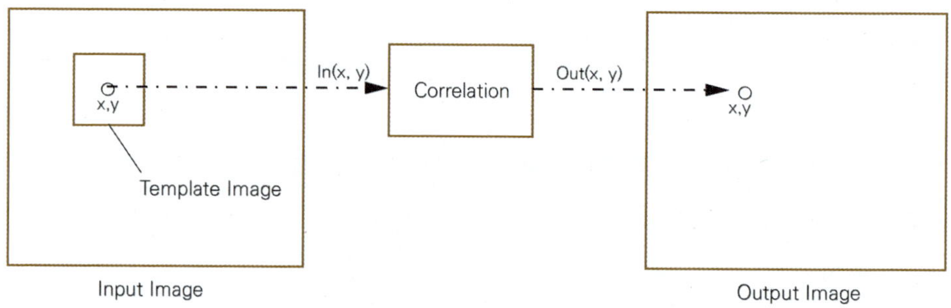

그림 6.15 Template matching 개념

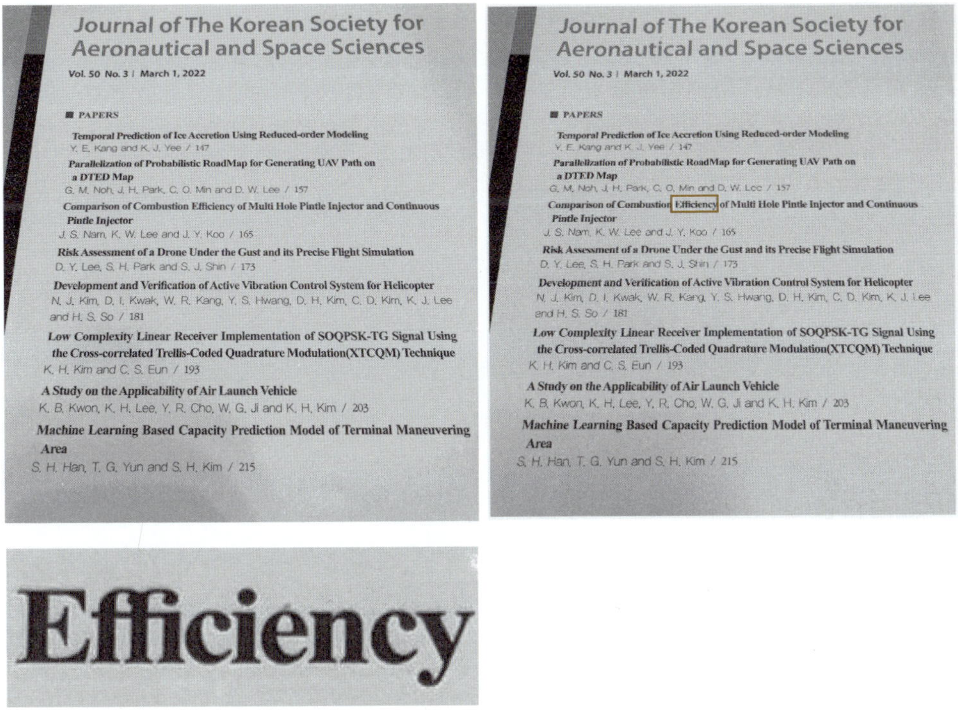

Journal of The Korean Society for Aeronautical and Space Sciences
Vol. 50 No. 3 | March 1, 2022

■ PAPERS

Temporal Prediction of Ice Accretion Using Reduced-order Modeling
Y. E. Kang and K. J. Yee / 147

Parallelization of Probabilistic RoadMap for Generating UAV Path on a DTED Map
G. M. Noh, J. H. Park, C. O. Min and D. W. Lee / 157

Comparison of Combustion Efficiency of Multi Hole Pintle Injector and Continuous Pintle Injector
J. S. Nam, K. W. Lee and J. Y. Koo / 165

Risk Assessment of a Drone Under the Gust and its Precise Flight Simulation
D. Y. Lee, S. H. Park and S. J. Shin / 173

Development and Verification of Active Vibration Control System for Helicopter
N. J. Kim, D. I. Kwak, W. R. Kang, Y. S. Hwang, D. H. Kim, C. D. Kim, K. J. Lee and H. S. So / 181

Low Complexity Linear Receiver Implementation of SOQPSK-TG Signal Using the Cross-correlated Trellis-Coded Quadrature Modulation(XTCQM) Technique
K. H. Kim and C. S. Eun / 193

A Study on the Applicability of Air Launch Vehicle
K. B. Kwon, K. H. Lee, Y. R. Cho, W. G. Ji and K. H. Kim / 203

Machine Learning Based Capacity Prediction Model of Terminal Maneuvering Area
S. H. Han, T. G. Yun and S. H. Kim / 215

Efficiency

그림 6.16 프레임 이미지(좌상), 템플릿 이미지(좌하), 탬플릿 매칭 결과(우)

7 형상해석

영상에 존재하는 도형의 형상에 관한 특징정보를 추출하여 수량화하는 기법이다.

면적, 주위길이, 복잡도

도형을 이루는 연결성분의 모든 화소수의 합을 면적, 연결성분의 가장자리에 있는 경계화소수를 주위길이라고 하였을 때 형상의 복잡도는 다음 식으로 표현된다.

$$e = \frac{(\text{주위길이})^2}{(\text{면적})}$$

원형의 경우 e의 값이 가장 작게 되며(약 4π), 도형이 복잡할수록 e의 값이 커진다.

모멘트(Moment)

도형 형상의 특징을 표현하는 것으로 모멘트를 이용하는 방법이 있으며, 다음과 같이 얻어진다.

$$M(a, b) = \sum_{x,\, y} x^a y^b$$

a, b의 조합에 의해 다양한 특징량을 구할수 있는데, $M(0, 0)$은 도형의 면적, $M(0, 1)$및 $M(1, 0)$은 각각 x축, y축에 대한 모멘트를 나타내고 있다.

이로부터 도형의 중심좌표는 다음 식과 같이 구할 수 있다(그림 6.17).

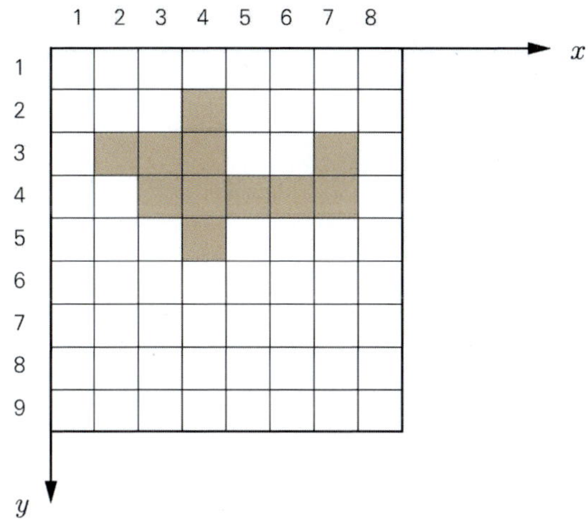

그림 6.17 영상의 모멘트

$$\bar{x} = \frac{M_{1,0}}{M_{0,0}}$$
$$\bar{y} = \frac{M_{0,1}}{M_{0,0}}$$

또한 $M_{0,2}$와 $M_{2,0}$은 각각 x축, y축에 대한 면적의 2차 모멘트(second moment)를 의미하는데 도형의 회전에 관한 것으로 생각할 수 있으므로, 도형 폭의 큰 방향으로의 주축방향 $\tan\theta$는 다음 식과 같이 얻어진다.

$$\tan^2\theta + \frac{M(2,0) - M(0,2)}{M(1,1)}\tan\theta = 1$$

이 주축 방향의 각도나 모멘트를 구함으로써 원화상의 회전오차 등의 보정, 도형의 종횡비 변화 등에 이용할 수 있다.

Hough 변환

Hough 변환은 선형적인 fitting 방법의 하나로서 선의 기울기를 포함하여 선위의 다른 화소간의 기하학적인 관계를 결정하는데 사용될 수 있으며, 점의 무리가 직선에 있는지 아닌지를 판단할 수 있다.

그림 6.18에서 (a)의 xy 평면상에서 세 점을 지나는 직선의 관계식은

$$y = m_1 x + c_1$$

으로 나타낼 수 있다. 이를 다시 mc 평면상에 표현하면

$$c_1 = -xm_1 + y$$

로 나타낼 수 있으며, 각각의 기울기($-x_1$, $-x_2$, $-x_3$)와 절편(y_1, y_2, y_3)을 가지는 직선들이 한점(m_1, c_1)에서 만나게 된다.

위와 같은 관계로부터 xy 평면상의 각 점들이 같은 직선위에 있다면 그 점들은 같은 기울기 m과 절편 c를 가지기 때문에 mc 평면에서 한 점에서 만나는 교차직선이 된다. 이를 이용하면 영상속의 점들이 같은 직선위에 있는지 아닌지를 판단할 수 있다.

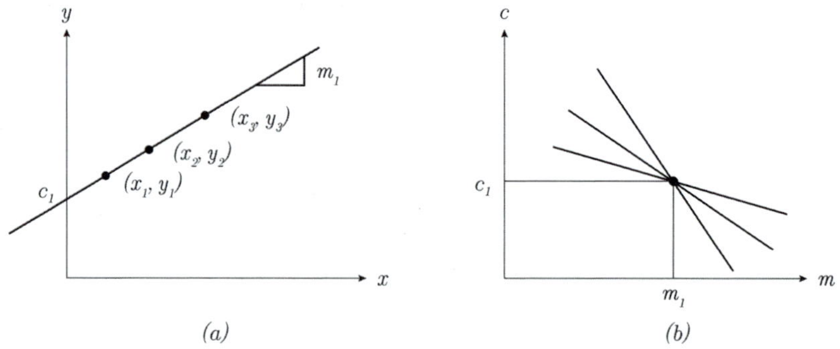

그림 6.18 Hough 변환

그림 6.19는 Hough 변환의 입력 이미지와 처리 결과이다. 이미지의 직선(도로, 전봇대)이 잘 검출되고 있음을 알 수 있으며 Hough 변환은 자율주행을 위한 차선 인식에도 사용되고 있다.

그림 6.19 Hough 변환 입력 이미지 및 처리결과

제7장

로봇의 이동
(Locomotion of Robot)

제7장

로봇의 이동(Locomotion of Robot)

이동로봇은 로봇 자체의 구동력과 메커니즘으로 자신의 위치를 변화시킬 수 있는 로봇을 말하며, 그림 7.1과 같이 환경을 인식하여 위치를 특정하고 경로계획과 제어를 통해 원하는 위치로 이동한다.

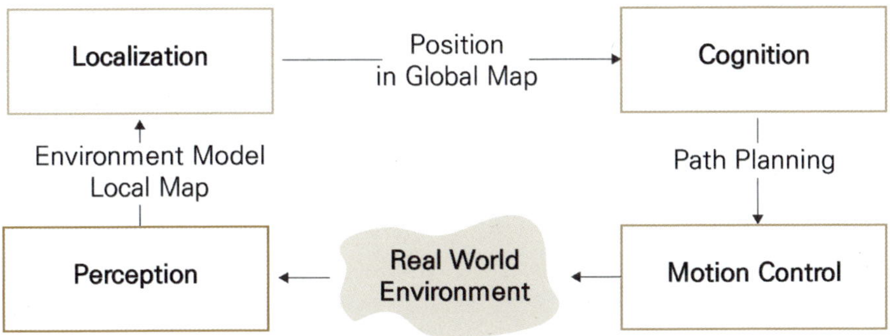

그림 7.1 이동로봇의 위치추정 및 이동제어[4]

로봇의 이동 형태는 바퀴형 로봇(wheeled robots), 2족 로봇(biped robots), 다리형 로봇(legged robots) 등의 지상 이동로봇 이외에도 공중/비행 로봇(aerial robots), 수중 로봇(underwater robots) 등 다양한 형태가 존재한다.

이 장에서는 로봇의 이동을 위한 경로계획과 위치인식에 대하여 소개한다.

1 경로계획(Path Planning)

이동로봇의 경로계획에는 PTP(point-to-point) 방식과 전역범위(complete coverage) 방식이 있다. PTP 경로계획은 시작점에서 목표점까지 단순 이동하는 형태로 경유점의 설정도 가능하며 중간 이동경로는 중요치 않다. 안내로봇, 배달로봇, 경비로봇 등에 이용되는 방식이다. 반면에 전역범위 경로계획은 청소로봇, 지뢰제거로봇 등에 이용되는 방식으로 주어진 영역을 반드시 한번 이상 경유하도록 하는 특징이 있다. 이 절에서는 PTP 경로계획의 대표적인 방식에 대하여 소개한다.

전위필드(Potential field) 방식(그림 7.2)

이동영역의 각각의 위치에 해당하는 수학적 함수를 배치시키고 값을 비교하며 시작점에서 목표점까지 이동하는 방식이다. 로봇의 이동영역에 등전위선을 형성하고 산을 내려가듯이 목표점까지 이동한다.

임의의 위치 $q=(x,y)$에서 힘 방향 함수는 q에서의 전위함수 U의 gradient 함수로 정의된다.

$$F(q) = -\nabla U(q), \qquad U(q): \text{ 전위함수}$$

여기에서 $\nabla U(q) = \begin{bmatrix} \dfrac{\partial U}{\partial x} \\ \dfrac{\partial U}{\partial y} \end{bmatrix}$

일반적인 전위함수는

$$U(q) = U_a(q) + U_r(q)$$

로 구성되며, $U_a(q)$는 흡인전위함수(attractive potential function), $U_r(q)$는 반발전위함수(repulsive potential function)를 나타낸다.

이에 따른 힘 방향함수는

$$F(q) = F_a(q) + F_r(q)$$

로 표시되며, $F_a(q)$, $F_r(q)$는 각각 흡인 및 반발 이동방향 함수이다.

흡인 및 반발함수의 예를 들어 어떻게 작용하는지 살펴보자.

q_f가 목표위치일 때 흡인함수가

$$U_a(q) = \frac{1}{2}k_a(\parallel q - q_f \parallel)^2$$

로 주어지게 되면 힘 방향함수는

$$F_a(q) = -k_a(q - q_f)$$

가 되어 목표위치에 대한 전위차를 줄이는 방향으로 이동하게 된다.

한편, q_o가 장애물의 위치일 때 반발함수가

$$U_r(q) = \begin{cases} \frac{1}{2}k_r\frac{1}{(\parallel q - q_o \parallel)^2} & \parallel q - q_o \parallel \le d\,(\text{predefined distance}) \\ 0 \end{cases}$$

로 주어지면 힘 방향함수는

$$F_r(q) = \begin{cases} -k_r\frac{1}{(\parallel q - q_o \parallel)^3} & \parallel q - q_o \parallel \le d\ (\text{predefined distance}) \\ 0 \end{cases}$$

가 되어 장애물에 가까워질수록 큰 값이 되며, 방향은 장애물에 반발하는 방향이 된다.

단점으로는 장애물의 형태에 따라 지역적 최솟값(local minimum)이 존재하게 되어 최종점에 도달할 수 없게 되는 경우가 있다.

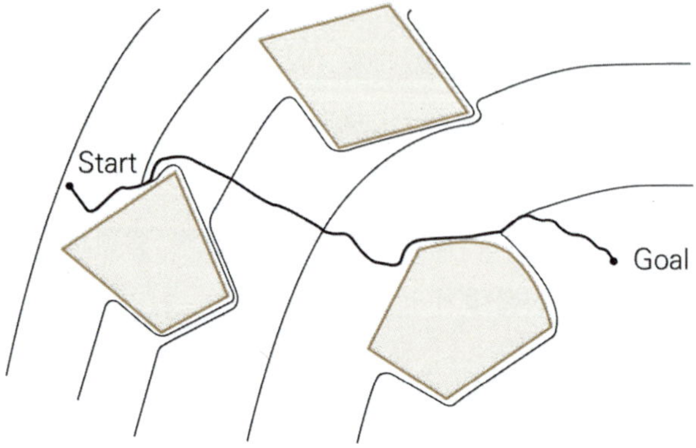

그림 7.2 전위필드 방식

Dijkstra 알고리즘

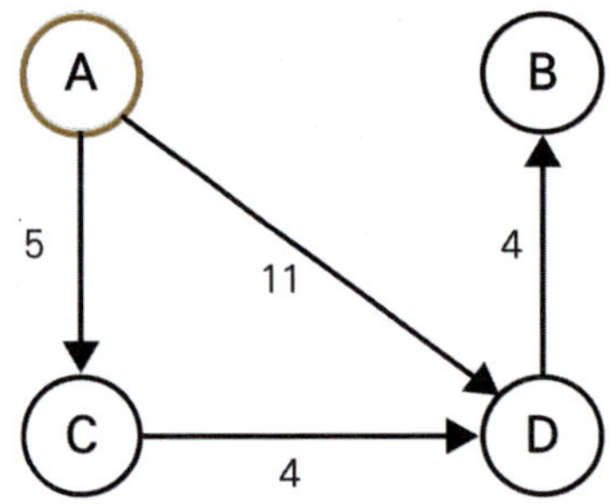

	A	B	C	D
1	**0**	-	-	-
2	0	-	**5**	**11**
3	0	-	5	**9**
4	0	**13**	5	9

그림 7.3 Dijkstra 알고리즘

Dijkstra 알고리즘(그림 7.3)은 출발 노드로부터 존재하는 모든 노드로의 최단거리를 계산하는 알고리즘이다. 알고리즘 진행방식은 다음과 같다.

① 출발 노드 A를 탐색 노드로 선언한 후 표의 첫 번째 행과 같이 업데이트한다.
② 탐색 노드 A에서 갈 수 있는 다른 노드(C, D)까지의 거리를 표의 두 번째 행과 같이 업데이트한다.

③ 탐색을 진행하지 않은 노드(B, C, D) 중 이전 탐색 노드(A)로부터 가장 가까운 노드(C)를 탐색 노드로 선언한 후, 다른 노드까지의 거리를 다시 계산한다. 이때, 노드 D와 같이 기존에 존재하던 거리(11)보다 노드 C를 거쳐 가는 거리(9)가 짧다면, 세 번째 행과 같이 해당 값을 업데이트한다.

④ 3과 동일한 방식으로 노드 D에 대하여 탐색을 수행하면 노드 B까지의 최단 거리를 네 번째 행과 같이 구할 수 있고, 노드 B에서 갈 수 있는 노드는 없으므로 탐색을 종료한다.

이와 같이 Dijkstra 알고리즘은 존재하는 모든 노드로의 최단 거리를 탐색할 수 있지만, 모든 노드에 대한 탐색이 수행되어야 하므로 노드의 수가 많을수록 탐색에 걸리는 시간과 비용이 증가한다.

A* 알고리즘

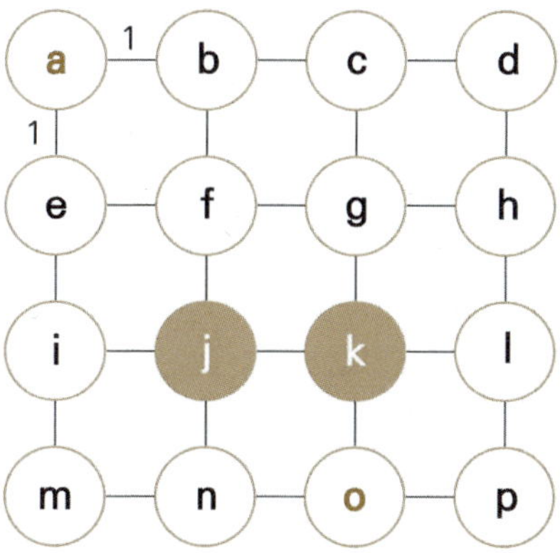

Step	From	Search	G	H	F=G+H
1	a	b	1	6	7
		e	1	4	5
2	e	f	2	5	7
		i	2	3	5
3	i	m	3	2	5
4	m	n	4	1	5
5	n	o	5	0	-

그림 7.4 A* 알고리즘

A* 알고리즘(그림 7.4)은 Dijkstra와 같이 최단거리를 추종하는 경로계획 기법이지만, Dijkstra 알고리즘처럼 모든 목적지로의 최단거리를 구하는 것이 아닌, 특성

목적지로의 최단 거리를 구한다는 점에서 차이가 있다.

A* 알고리즘은 출발노드로부터 탐색 노드까지 이동에 필요한 비용 G와 탐색노드로부터 목적지까지의 예상 비용인 H를 합한 총 비용 F를 이용하여 경로계획을 수행한다. 이때 H(Heuristic function)값은 사용자의 의도에 따라 설정할 수 있지만, 통상 맨해튼 거리(수평 및 수직이동 거리의 합), 유클리드 거리(직선거리)를 이용한다.

위의 예시는 A* 알고리즘의 진행방식을 설명하기 위한 예시로 총 16개의 노드가 거리 1의 간격으로 배치되어있다. j, k 노드는 장애물 노드로 경로가 생성되지 못하며, a 노드가 시작점, o 노드가 도착점이다. H(Heuristic function)는 탐색 노드와 목적지 노드 사이의 맨해튼 거리를 이용한다.

① 먼저 출발 노드 a의 주변 노드인 b와 e에 대하여 탐색을 수행한다. a에서 b로 향할 때 G는 1이고, b에서 o까지의 맨해튼 거리(H)는 6이므로 F(G+H)값은 7이다. 같은 방식으로 e로 향할 때 F(G+H)값은 5로 계산된다. e에 대해서도 탐색이 완료되면 F값이 가장 낮은 노드인 e를 선택하여 탐색을 반복한다.

② 같은 방식으로 e의 주변 노드 f, i에 대하여 탐색하면 표와 같이 F가 얻어져 가장 낮은 노드 i를 선택하여 탐색을 진행한다.

③ i 노드 이후는 선택할 수 있는 노드가 m, n으로 제한되며, 5 step처럼 탐색 노드가 목적지 노드인 경우 탐색을 중단한다.

④ 표에서 목적지 노드 o부터 출발 노드 a까지 지나온 노드들을 역순으로 찾아가며 최단경로를 도출한다. o ⇒ n ⇒ m ⇒ i ⇒ e ⇒ a

이와 같이 A* 알고리즘은 모든 노드에 대해 탐색을 수행하지 않아도 최단경로를 도출할 수 있으므로 특정 목적지를 향하는 경로를 찾을 경우 Dijkstra 알고리즘보다 훨씬 효율적이며, 실제 자율주행, 게임 등 많은 분야에서 활용되고 있다.

2 위치인식

로봇의 이동에 있어 위치인식은 필수적이며 이동로봇 분야에서 많이 연구되어 온 분야 중의 하나이다. 엔코더 등의 내부센서(internal sensor)를 이용하여 이전의 위치로부터 현재의 위치를 추정하는 추측항법(dead reckoning) 방식이 있는데, 이동면의 비균일성, 미끄러짐, 오차누적 등으로 정확한 위치추정에는 한계가 있다. 이와 같은 내부센서의 한계를 극복하기위해 외부센서(external or exteroceptive sensor)를 사용하여 로봇의 절대위치를 추정할 필요가 있다.

외부 센서로는 시각센서, 초음파센서, 레이저 센서, 근접센서 등이 있다.

시각센서의 경우 사물의 색 및 형상에 대한 정보를 얻을 수 있으며, 스테레오 영상의 경우 물체와의 거리정보도 얻을 수 있는 반면, 카메라를 포함한 주변 장치의 구성과 신호처리가 필요하며 옥외 사용의 경우 조명환경에 영향을 받는 어려움이 있다.

초음파 센서는 저가이며 비교적 넓은 범위에 걸쳐 물체의 유무를 인식할 수 있는 반면에, 물체의 형상이나 크기를 특정하기 어렵고 방사된 고주파의 음파가 물체에 부딪혀 되돌아오는 시간으로부터 거리를 측정하기 때문에 빠른 처리에는 한계가 있다.

레이저 센서의 경우 고속으로 정밀하게 측정할 수 있으며, 최근 LiDAR(Light Detection And Ranging)가 소형화되면서 무인차량 및 로봇 등에 장착되어 전 방위적으로 빠른 주변 환경계측이 가능해지고 있으나 아직은 고가여서 실제 적용에는 제한이 있다.

그 외 근접센서는 방사각 해석이 용이하며 미리 설정된 거리 내에 있는 근접 물체의 유무를 판별하는데 활용된다.

일반적으로 실외위치인식은 GPS(Global Positioning System)를 사용하는데 오차가 수 m로 비교적 커서 정확한 위치추정을 위해서는 IMU(Inertial Measurement Unit) 등과 결합한 형태로 사용된다.

한편, GPS 신호를 수신할 수 없는 실내에서는 거리센서 기반의 위치추정방식과 함께 인공표식(artificial landmark) 및 자연표식(natural landmark) 기반의 위치인식 방식을 이용한다.

거리센서 기반방식

초음파, 적외선, 레이저 등의 거리센서를 이용하여 물체와의 거리를 측정하여 위치를 추정하는 방식이며, 스테레오 영상을 이용한 삼각측량방식도 이용된다. 이 방식은 이동을 통해 주변물체와의 거리정보를 측정하고 주변물체의 형상을 추정하여 환경지도상의 위치와 비교하여 위치인식을 수행한다. 이와 같은 위치인식에는 Markov 위치인식과 칼만 필터(Kalman filter) 위치인식 등의 확률적인 방법론이 이용된다.

인공표식(Artificial landmark) 방식

주변에 설치된 인공표식을 인식하여 위치를 인식하는 방식으로 센서로는 초음파, 비전 카메라, 적외선, RF 모듈 등이 사용되며, 인공표식으로 2차원 바코드, 특정형태의 반사체 등이 사용된다. 인공표식 설치 및 유지관리가 필요하다.

그림 7.5와 같이 beacon 신호의 도달시간(time of flight)을 이용한 삼변 측량법(trilateration)으로 로봇의 위치를 계산할 수 있다. Beacon의 위치 $b_1(x_{1,}y_1)$, $b_2(x_{2,}y_2)$, $b_3(x_{3,}y_3)$는 알고 있는 값이고 beacon 신호의 도달시간으로부터 로봇과 beacon 사이의 거리 d_1, d_2, d_3를 얻었을 경우, 로봇의 위치를 $(x_{r,}y_r)$이라고 하면 다음과 같은 관계를 얻을 수 있어 연립식으로부터 로봇의 위치를 알 수 있다.

$$\begin{bmatrix} (x_r - x_1)^2 + (y_r - y_1)^2 \\ (x_r - x_2)^2 + (y_r - y_2)^2 \\ (x_r - x_3)^2 + (y_r - y_3)^2 \end{bmatrix} = \begin{bmatrix} d_1^2 \\ d_2^2 \\ d_3^2 \end{bmatrix}$$

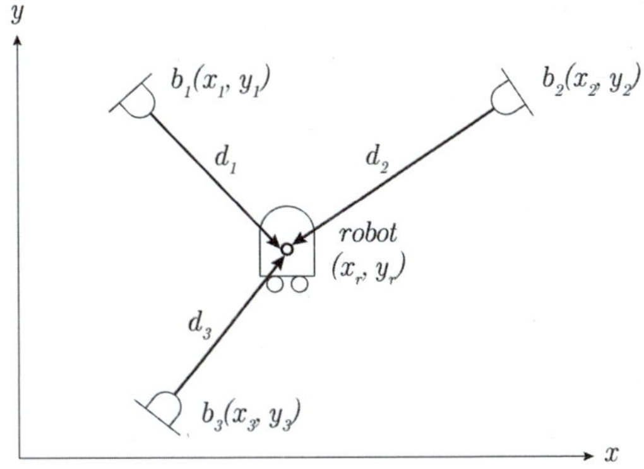

그림 7.5 Beacon을 이용한 위치인식

자연표식(Natural landmark) 방식

인공표식을 설치, 유지하는 수고를 덜기위한 방법으로 환경에 존재하는 자연표식(특정 나무, 출입문, 벽면 특징점 등)을 카메라로 캡처하여 위치를 인식하는 방식으로 영상왜곡의 보정, 특징 점 추출 등의 적절한 영상처리가 필요하다.

부록

부록 A. 전기기초

부록 B. 제어기초

부록 A.

전기기초

1 Kirchhoff(키르히호프)의 법칙

Kirchhoff의 전류법칙(KCL)

노드를 통하여 들어오고 나간 전류의 합은 0이다.

$$\sum_{n=1}^{N} i_n = 0 (i - i_1 - i_2 - i_3 = 0)$$

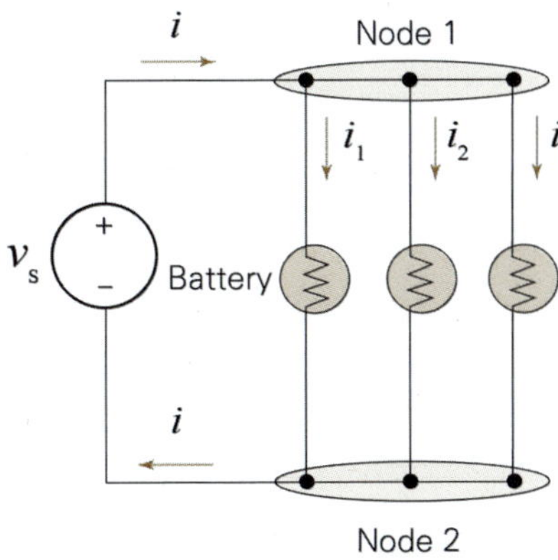

Kirchhoff의 전압법칙(KVL)

폐회로를 따라 생성 또는 소멸된 전압은 0이다.

$$\sum_{n=1}^{N} v_n = 0(v_s - v_{ab} = 0)$$

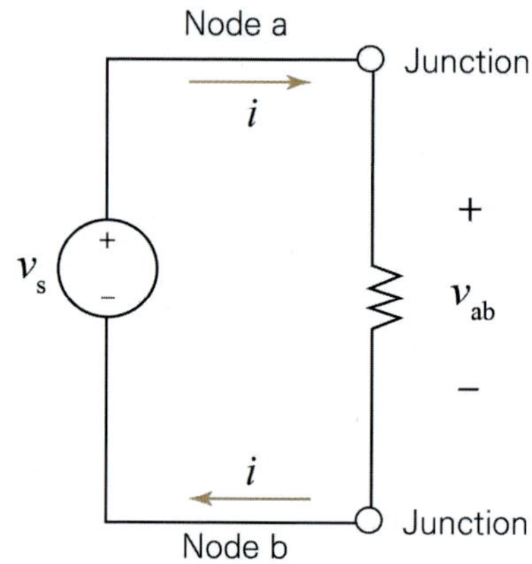

2 전압 및 전류분배

전압분배 원리

저항이 직렬로 연결된 회로에서 각 저항소자가 가지는 전압은 전체 저항에 대한 해당 저항의 비율로 전압을 나누어 가진다.

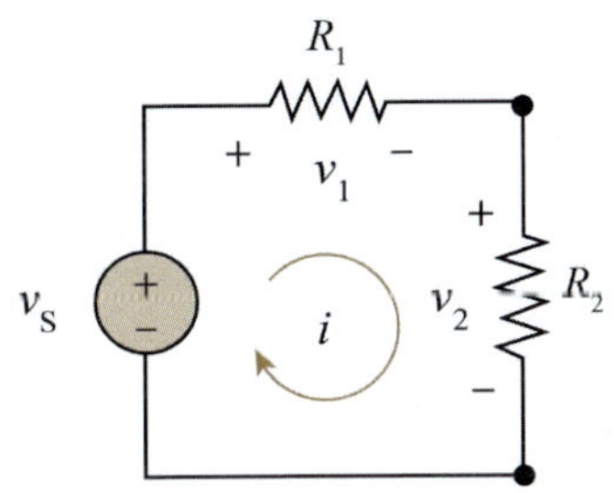

$$i = \frac{v_s}{R_{EQ}} = \frac{v_s}{R_1 + R_2}$$

$$v_1 = iR_1 = \frac{R_1}{R_1 + R_2} v_s$$

$$v_2 = iR_2 = \frac{R_2}{R_1 + R_2} v_s$$

위 관계를 일반화하면 다음과 같이 얻어진다.

$$v_n = \frac{R_n}{R_1 + R_2 + \cdots + R_n + \cdots + R_N} v_s \text{(Voltage divider)}$$

전류분배 원리

저항이 병렬로 연결된 회로에서 각 저항에 흐르는 전류는 다음과 같은 원리로 나누어진다.

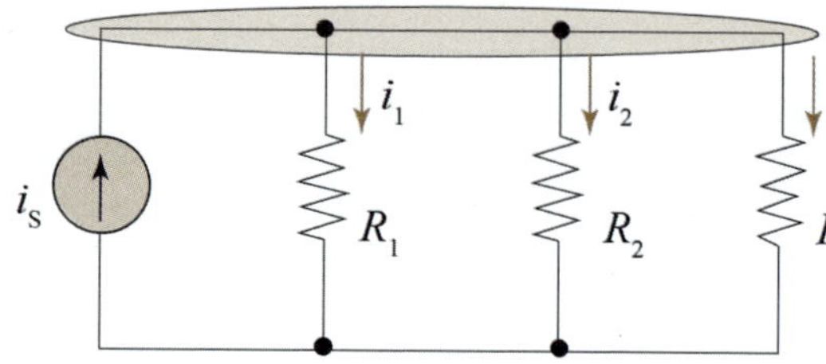

$$i_1 = \frac{v}{R_1}, \quad i_2 = \frac{v}{R_2}, \quad i_3 = \frac{v}{R_3}$$

$$\begin{aligned} i_s &= i_1 + i_2 + i_3 \\ &= \left(\frac{1}{R_1} + \frac{1}{R_2} + \frac{1}{R_3}\right) v = \frac{1}{R_{EQ}} v \end{aligned}$$

$$\frac{1}{R_{EQ}} = \frac{1}{R_1} + \frac{1}{R_2} + \frac{1}{R_3} \text{ (Equivalent parallel resistance)}$$

$$v = R_{EQ}\, i_s$$

$$i_1 = \frac{R_{EQ}}{R_1} i_s = \frac{\frac{1}{R_1}}{\frac{1}{R_{EQ}}} i_s = \frac{\frac{1}{R_1}}{\frac{1}{R_1} + \frac{1}{R_2} + \frac{1}{R_3}} i_s$$

$$i_2 = \frac{\frac{1}{R_2}}{\frac{1}{R_1} + \frac{1}{R_2} + \frac{1}{R_3}} i_s$$

$$i_3 = \frac{\frac{1}{R_3}}{\frac{1}{R_1} + \frac{1}{R_2} + \frac{1}{R_3}} i_s$$

$$\therefore\ i_n = \frac{\frac{1}{R_n}}{\frac{1}{R_1} + \frac{1}{R_2} + \cdots + \frac{1}{R_n} + \cdots + \frac{1}{R_N}} i_s \text{ (Current divider)}$$

3 휘트스톤 브리지

Wheatstone bridge

휘트스톤 브리지는 통상 미지의 저항값 측정에 사용되는데, 저항 중 일부(1개, 2개 또는 4개)가 스트레인 게이지로 대체되어 작용한 힘에 대한 스트레인을 측정하기도 한다. 그림 A.1에서 양단의 전압 차(v_{ab})는 다음과 같이 얻어진다.

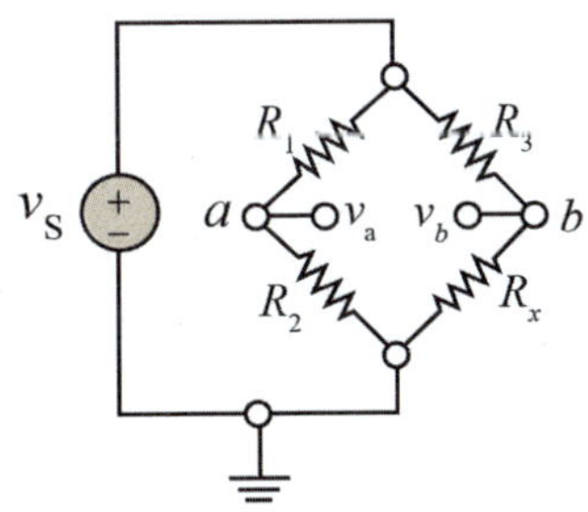

그림 A.1 휘트스톤 브리지 회로

$$v_a = \frac{R_2}{R_1 + R_2} v_s$$

$$v_b = \frac{R_x}{R_3 + R_x} v_s$$

$$v_{ab} = v_a - v_b = \left(\frac{R_2}{R_1 + R_2} - \frac{R_x}{R_3 + R_x} \right) v_s$$

한편, 저항형 스트레인 게이지의 저항은

$$R = \rho \frac{L}{A}$$

이며, ρ는 재료의 저항률(resistivity), L, A는 각각 도선의 길이와 단면적이다. 스트레인 게이지에 힘(신장력)이 작용하면 L은 늘고 A는 줄어들어 저항변화 ΔR이 발생한다(압축력의 경우는 반대현상으로 역시 저항변화 발생). 스트레인 게이지의 감도를 나타내는 Gauge Factor G 및 스트레인 ϵ은 각각

$$G = \frac{\Delta R/R}{\Delta L/L}, \quad \epsilon = \frac{\Delta L}{L}$$

이므로 작용한 힘에 의한 저항변화는

$$\Delta R = RG\frac{\Delta L}{L} = RG\epsilon$$

으로 나타낼 수 있다.

힘 측정

그림 A.2와 같이 외팔보의 윗면과 아랫면에 저항형 스트레인 게이지를 부착하면 작용한 힘에 따라 신장(R_1, R_4)과 압축(R_2, R_3)이 발생하며 그에 따른 저항 변화로 인한 a, b 양단의 전압 차를 구하면 최종적으로 작용한 힘을 구할 수 있다.

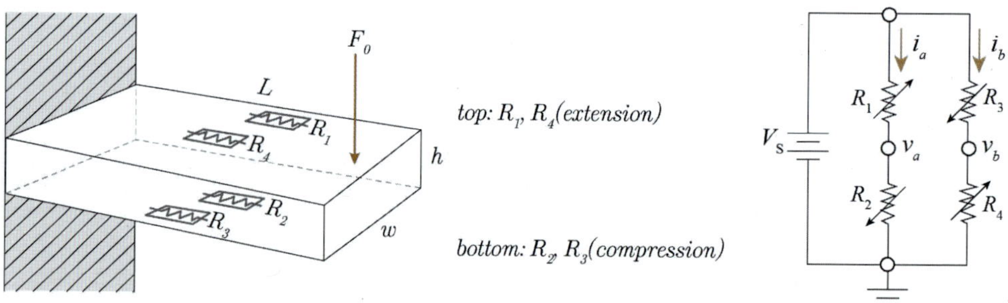

그림 A.2 휘트스톤 브리지를 이용한 힘 측정

$$\begin{aligned} R_1 &= R_4 = R_0 + \Delta R \\ R_2 &= R_3 = R_0 - \Delta R \end{aligned}$$

이며, 재료역학의 해석으로부터 변형률은

$$\epsilon = \frac{6LF_o}{wh^2 Y}$$

여기에서,

$$\begin{aligned} \epsilon &= \text{strain} \\ \text{F} &= \text{force} \\ \text{Y} &= \text{beam's modulus of elasticity} \end{aligned}$$

$$\begin{aligned} i_a &= \frac{V_s}{R_1 + R_2}, \quad i_b = \frac{V_s}{R_3 + R_4} \\ v_o &= v_b - v_a = i_b R_4 - i_a R_2 \\ &= \left(\frac{R_4}{R_3 + R_4} - \frac{R_2}{R_1 + R_2} \right) V_s \\ &= \left(\frac{R_0 + \Delta R}{R_0 - \Delta R + R_0 + \Delta R} - \frac{R_0 - \Delta R}{R_0 + \Delta R + R_0 - \Delta R} \right) V_s \\ &= \frac{\Delta R}{R_0} V_s = G\epsilon V_s = GF_o \frac{6L}{wh^2 Y} V_s \\ &= \frac{6 V_s GL}{wh^2 Y} F_o = kF \end{aligned}$$

와 같이 얻어져 회로의 출력전압(v_o)으로 작용한 힘(F_o)을 측정할 수 있다.

4 직류회로 해석

상수 전원과 저항들로 구성된 직류회로는 노드전압 해석과 망전류 해석으로 회로의 전압과 전류를 구할 수 있다.

노드전압 해석(Node voltage analysis)

각 노드의 전압을 독립변수로 하여 키르히호프의 전류법칙(KCL)을 적용하고 연립하여 전압, 전류를 구하는 해석법으로 그 과정을 정리하면 다음과 같다.

① 기준 node(GND) 선택(n개의 node에 대하여)

② (n−1) 개의 node 전압 → 독립변수

③ (n−1) 개의 node에 KCL 적용

④ (n−1) 개의 연립 방정식(n−1개의 node 전압에 관한)

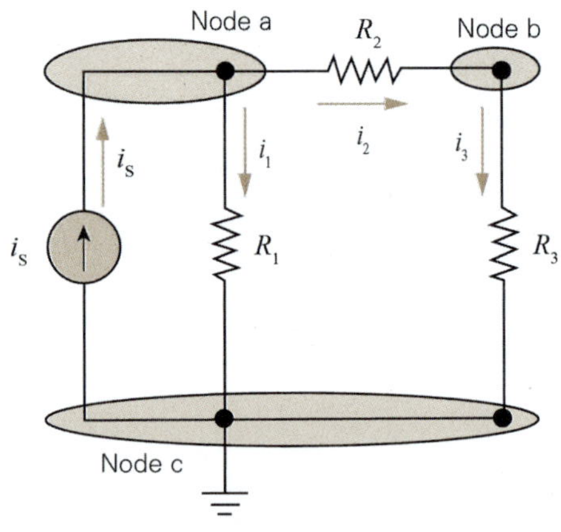

그림 A.3 노드전압 해석

그림 A.3과 같은 회로에서 GND인 노드 c를 기준노드로 하고 각각 노드 a, b에 대하여 키르히호프의 전류법칙(KCL)을 적용하고 전압과 전류로 변환하여 정리하면 다음과 같이 얻어진다(최종 2개의 연립 식으로부터 노드 a, b의 전압을 구할 수 있으며, 그로부터 각 저항에 흐르는 전류도 구할 수 있다).

$$i_s - i_1 - i_2 = 0\,(\text{노드 a})$$
$$i_2 - i_3 = 0\,(\text{노드 b})$$
$$i_s - \frac{v_a}{R_1} - \frac{v_a - v_b}{R_2} = 0$$
$$\frac{v_a - v_b}{R_2} - \frac{v_b}{R_3} = 0$$
$$\left(\frac{1}{R_1} + \frac{1}{R_2}\right)v_a - \frac{1}{R_2}v_b = i_s$$
$$-\frac{1}{R_2}v_a + \left(\frac{1}{R_2} + \frac{1}{R_3}\right)v_b = 0$$

망전류 해석(Mesh current analysis)

각각의 망전류를 독립변수로 하여 키르히호프의 전압법칙(KVL)을 적용하고 연립하여 전압, 전류를 구하는 해석법으로 그 과정을 정리하면 다음과 같다.

① 망전류 정의(시계방향으로)

② 망전류로 전압 표시(시계방향으로 일관성 있게 극성 결정) → KVL 적용

③ 망전류(독립변수)의 연립 방정식

그림 A.4와 같이 2개의 망을 가지는 회로의 각각의 망에 대하여 KVL을 적용하고 정리하면 오른쪽 아래와 같이 망전류에 관한 연립식을 얻을 수 있다(이로부터 망전류 i_1, i_2를 구할 수 있으며, 각 노드의 전압도 알 수 있다).

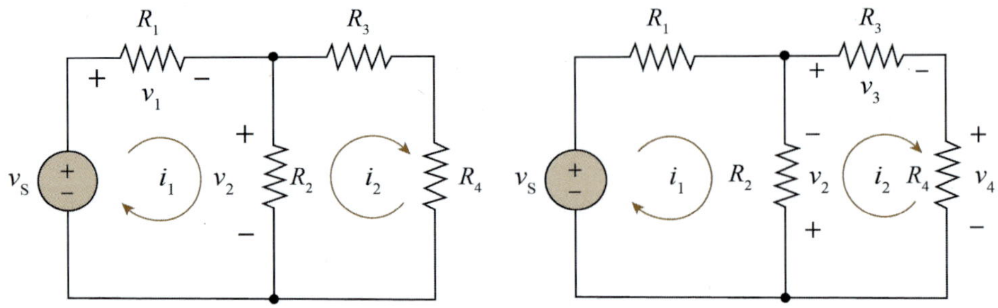

그림 A.4 망전류 해석

〈Mesh 1〉

$$v_s - v_1 - v_2 = 0$$
$$v_s - i_1 R_1 - (i_1 - i_2) R_2 = 0$$

〈Mesh 2〉

$$v_2 + v_3 + v_4 = 0$$
$$(i_2 - i_1) R_2 + i_2 R_3 + i_2 R_4 = 0$$

정리하면

$$(R_1 + R_2) i_1 - R_2 i_2 = v_s$$
$$- R_2 i_1 + (R_2 + R_3 + R_4) i_2 = 0$$

5 교류회로 해석

직류회로가 상수 전원과 저항들로 구성되어 대수방정식으로 접근할 수 있었던 것에 비해, 교류회로는 그림 A.5와 같이 정현파 전원과 에너지 저장소자인 커패시터와 인덕터를 포함하고 있어 회로의 거동이 미분방정식으로 표현된다(각각 정현파 전원, 커패시터, 인덕터 심볼).

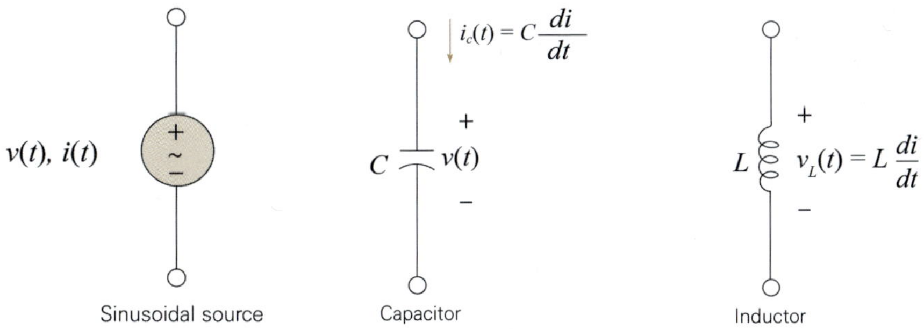

그림 A.5 교류회로 요소

그림 A.6은 대표적인 교류회로를 나타내고 있다.

커패시터의 전류, 전압은 각각

$$i = C\frac{dv}{dt}, \quad v = \frac{1}{C}\int i\,dt$$

이며, 인덕터의 전압, 전류는 각각

$$v = L\frac{di}{dt}, \quad i = \frac{1}{L}\int v\,dt$$

이므로, 교류회로를 키르히호프의 전압법칙(KVL)을 이용하여 수학적으로 표현하면 다음과 같은 미분방정식이 얻어지며, 이로부터 회로의 전압, 전류를 구할 수 있다.

$$v(t) - L\frac{di}{dt} - iR - \frac{1}{C}\int i\,dt = 0$$

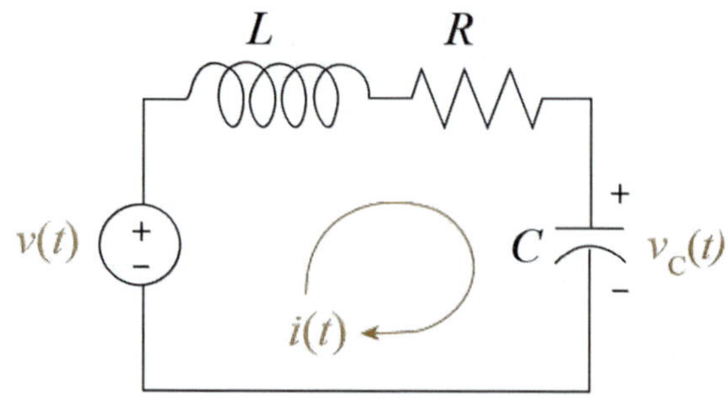

그림 A.6 교류회로 예

한편, 교류회로의 정현파 전원을 페이저(Phasor) 형식으로 변환하고 에너지 저장 소자를 임피던스(Impedance)로 변환하여 접근하면 비교적 수월하게 해석할 수 있는 이점이 있다.

정현파 전원을 시간영역과 주파수 영역(Phasor form)에서 나타내면 다음과 같다.

$$v(t) = A\cos(\omega t + \theta)$$
$$V(j\omega) = Ae^{j\theta} = A\angle\theta$$

또한 저항, 인덕터, 커패시터의 임피던스(Z_R, Z_L, Z_C)는 각각 다음과 같이 얻어지며, 임피던스는 정현파 전원의 주파수에 의존하는 복소 저항이다.

$$Z_R(j\omega) = \frac{V_S(j\omega)}{I(j\omega)} = \frac{A\angle 0}{\frac{A}{R}\angle 0} = R$$
$$Z_L(j\omega) = \frac{V_S(j\omega)}{I(j\omega)} = \omega L\angle\frac{\pi}{2} = j\omega L$$
$$Z_C(j\omega) = \frac{V_S(j\omega)}{I(j\omega)} = \frac{1}{\omega C}\angle\frac{-\pi}{2} = \frac{-j}{\omega C} = \frac{1}{j\omega C}$$

위와 같이 얻은 페이저 및 임피던스 표현을 이용하여 미분방정식으로 얻어진 위의 교류회로에 흐르는 전류를 구해보자.

회로의 전압, 인덕턴스, 커패시턴스, 저항이 각각

$$v(t) = 10\cos 100t\, V,\ L = 100mH,\ C = 100\mu F,\ R = 50\Omega$$

로 주어지면 정현파 전원을 페이저 형식으로 변환하고 회로소자들의 임피던스를 구하면 다음과 같다.

$$\omega = 100rad/s\,,\ \ V(j\omega) = 10\angle 0\,,\ \ Z_L = 10j\,,\ \ Z_R = 50\,,\ \ Z_C = -100j$$

페이저 전류는 페이저 전압을 총 임피던스로 나누면 되므로 다음과 같이 얻어진다.

$$\begin{aligned} I_s &= \frac{10\angle 0}{10j + 50 - 100j} = \frac{1}{50 - 90j}(10\angle 0) \\ &= (0.009713\angle 1.0637)(10\angle 0) = 0.09713\angle 1.0637 \end{aligned}$$

이렇게 얻어진 주파수 영역의 페이저 전류를 시간영역으로 변환하면 다음과 같이 교류회로의 전류를 구할 수 있다.

$$i(t) = 0.09713\cos(100t + 1.0637)\ \ [\mathrm{A}]$$

부록 B.

제어기초

1 제어시스템의 개요(Open loop, Closed loop control)

제어시스템의 정의 및 응용

제어시스템은 가해진 입력으로부터 적절한 출력이 얻어지도록 제어하기 위한 시스템이며 공정(plant)과 부 시스템(subsystem)으로 구성된다.

제어시스템은 서비스 로봇, 우주왕복선의 궤도제어, 자율주행 자동차, 조립공장의 자동운반장치, 산업용 로봇 등에 이르기까지 폭넓은 분야에서 다양하게 활용되고 있다.

제어시스템의 구조

① 개루프 시스템(Open-loop control system)

입력명령을 제어기에 적합한 형태로 변환하는 입력변환기와 공정을 구동하는 제어기로 구성된다. 구동신호에 삽입되는 외란을 제거하지 못하며, 출력은 입력에만 좌우되기 때문에 시스템 변동을 보상하지 못하는 한계가 있다(그림 B.1).

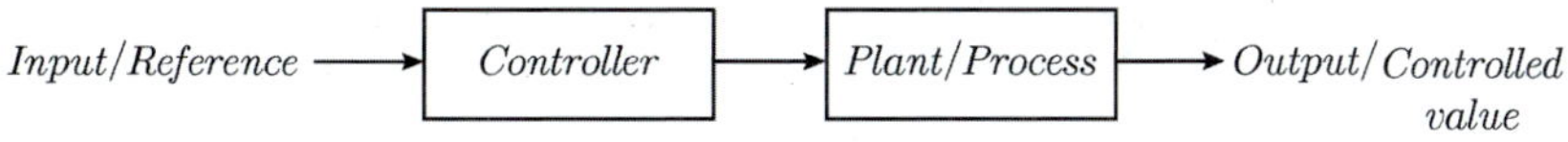

그림 B.1 개루프 시스템(Open-loop system)

② 폐루프 시스템(Closed-loop control system, Feedback control system)

개루프 시스템의 구성에 출력을 측정하여 제어기에 적합한 형태로 변환하는 출력변환기(센서)가 추가되어 이 측정치를 피드백 경로를 통하여 피드백함으로써 입력명령과 비교하여 외란을 억제하거나 이득조정 또는 제어기의 재설계를 통해 과도응답이나 정상상태 오차의 개선이 가능한 시스템으로 피드백 제어시스템이라고도 한다. 개루프 시스템에 비해 복잡하고 비용이 많이 드는 단점이 있다(그림 B.2).

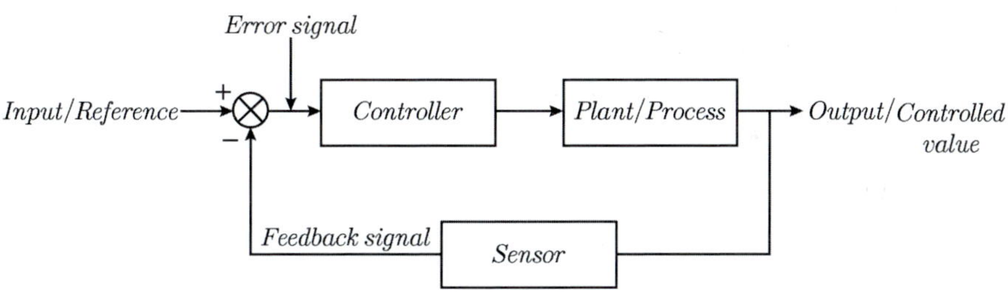

그림 B.2 폐루프 시스템(Closed-loop system)

2 동적 시스템의 모델링(직선운동, 회전운동, 모터)

라플라스 변환(Laplace transform)

라플라스 변환을 이용하면 통상 미분방정식으로 표현되는 동적 시스템의 운동을 대수방정식으로 변환하여 입출력 관계를 간단히 표현할 수 있고 주파수 특성이 일목요연한 이점이 있다.

그림 B.3은 라플라스 변환에 의한 제어시스템 설계과정을 나타내고 있다. 시간함수인 선형미분방정식을 라플라스 변환하여 전달함수를 구하고, 전달함수를 기반으로 제어계 설계, 안정성 해석 등을 수행하고 응답을 얻은 후에 라플라스 역변환하면 최종적으로 원하는 시간영역의 응답을 얻을 수 있다.

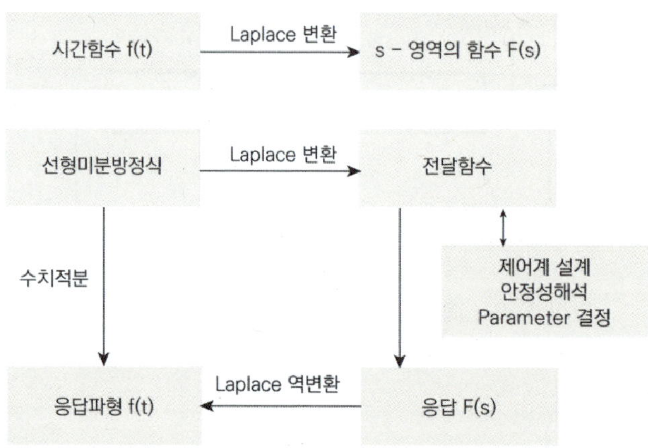

그림 B.3 라플라스 변환을 이용한 제어시스템 해석

라플라스 변환 개요

라플라스 변환 및 역변환 공식을 비롯하여 주요 함수들의 라플라스 변환과정과 결과를 정리하면 다음과 같다. 라플라스 역변환은 통상 공식을 이용하는 대신 라플라스 변환결과로부터 역으로 원래의 시간함수를 찾아내는 방법으로 접근하고 있다.

· *Laplace transform*

$$\mathcal{L}[f(t)] = F(s) = \int_{0^-}^{\infty} f(t)e^{-st}dt$$

$$(s = \sigma + j\omega,\ \text{complex variable})$$

· *Inverse Laplace transform*

$$\mathcal{L}^{-1}[F(s)] = \frac{1}{2\pi j}\int_{\sigma - j\infty}^{\sigma + j\infty} F(s)e^{st}ds = f(t)u(t)$$

다음에 대표적인 함수의 라플라스 변환과정 및 결과를 정리하였다. 역변환은 아래 변환결과로부터 역으로 시간함수(시간 영역의 응답)를 구한다.

① Exponential function

$$f(t) = 0 \quad \text{for } t < 0$$
$$= Ae^{-\alpha t} \quad \text{for } t \geq 0$$

$$\mathcal{L}[Ae^{-\alpha t}] = \int_0^{\infty} Ae^{-\alpha t}e^{-st}dt$$
$$= A\int_0^{\infty} e^{-(\alpha + s)t}dt = A\frac{1}{-(\alpha + s)}e^{-(\alpha + s)t}\Big|_0^{\infty}$$
$$= \frac{A}{s + \alpha}$$

② Step function

$$f(t) = 0 \quad \text{for } t < 0$$
$$= A \quad \text{for } t > 0$$

$$\mathcal{L}[A] = \int_0^{\infty} Ae^{-st}dt = -A\frac{1}{s}e^{-st}|_o^{\infty}$$
$$= \frac{A}{s}$$

in case of unit step function

$$1(t) = 0 \quad \text{for } t < 0$$
$$= 1 \quad \text{for } t > 0$$

$$\mathcal{L}[1(t)] = \frac{1}{s}$$

③ Ramp function

$$f(t) = 0 \quad \text{for } t < 0$$
$$= At \quad \text{for } t > 0$$

$$\mathcal{L}[At] = \int_0^{\infty} Ate^{-st}dt$$
$$= At\frac{e^{-st}}{-s}|_0^{\infty} - \int_0^{\infty} A\frac{e^{-st}}{-s}dt$$
$$= \frac{A}{s}\int_0^{\infty} e^{-st}dt = \frac{A}{s^2}$$

④ Sinusoidal function

$$f(t) = 0 \quad \text{for } t < 0$$
$$= A\sin\omega t \quad \text{for } t > 0$$

Euler theorem

$$\begin{cases} e^{j\theta} = \cos\theta + j\sin\theta \\ e^{-j\theta} = \cos\theta - j\sin\theta \end{cases}$$

$$\cos\theta = \frac{1}{2}(e^{j\theta} + e^{-j\theta})$$
$$\sin\theta = \frac{1}{2j}(e^{j\theta} - e^{-j\theta})$$

$$\sin(\omega t) = \frac{1}{2j}(e^{j\omega t} - e^{-j\omega t})$$

$$\begin{aligned}\mathcal{L}[A\sin\omega t] &= \frac{A}{2j}\int_0^\infty (e^{j\omega t} - e^{-j\omega t})e^{-st}dt \\ &= \frac{A}{2j}\int_0^\infty [e^{-(s-j\omega)t} - e^{-(s+j\omega)t}]dt \\ &= \frac{A}{2j}\left[\frac{1}{s-j\omega} - \frac{1}{s+j\omega}\right] = \frac{A\omega}{s^2+\omega^2}\end{aligned}$$

$$\mathcal{L}[A\cos\omega t] = \frac{As}{s^2+\omega^2}$$

⑤ Multiplication of $f(t)$ by $e^{-\alpha t}$

$$\begin{aligned}\mathcal{L}[e^{-\alpha t}f(t)] &= \int_0^\infty e^{-\alpha t}f(t)e^{-st}dt \\ &= \int_0^\infty e^{-(\alpha+s)t}f(t)dt \\ &= F(s+\alpha)\end{aligned}$$

$$\mathcal{L}[\sin\omega t] = \frac{\omega}{s^2+\omega^2} = F(s)$$

$$\mathcal{L}[\cos\omega t] = \frac{s}{s^2+\omega^2} = G(s)$$

$$\mathcal{L}[e^{-\alpha t}\sin\omega t] = F(s+\alpha) = \frac{\omega}{(s+\alpha)^2+\omega^2}$$

$$\mathcal{L}[e^{-\alpha t}\cos\omega t] = G(s+\alpha) = \frac{s+\alpha}{(s+\alpha)^2+\omega^2}$$

⑥ Real differentiation theorem

※ $\mathcal{L}[\frac{d}{dt}f(t)] = sF(s) - f(0)$

$$\int_0^\infty f(t)e^{-st}dt = f(t)\frac{e^{-st}}{-s}\Big|_0^\infty - \int_0^\infty [\frac{d}{dt}f(t)]\frac{e^{-st}}{-s}dt$$

↓

$$F(s) = \frac{f(0)}{s} + \frac{1}{s}\mathcal{L}[\frac{d}{dt}f(t)]$$

$$\mathcal{L}[\frac{d}{dt}f(t)] = sF(s) - f(0)$$

$$※\mathcal{L}[\frac{d^2}{dt^2}f(t)] = s^2F(s) - sf(0) - \dot{f}(0) \qquad \frac{d}{dt}f(t) = g(t)$$

$$\begin{aligned}\mathcal{L}[\frac{d^2}{dt^2}f(t)] &= \mathcal{L}[\frac{d}{dt}g(t)] = s\mathcal{L}[g(t)] - g(0) \\ &= s\mathcal{L}[\frac{d}{dt}f(t)] - \dot{f}(0) \\ &= s^2F(s) - sf(0) - \dot{f}(0)\end{aligned}$$

$\mathcal{L}[\dot{x}(t)]$

$$\begin{aligned}&\int_0^\infty \dot{x}e^{-st}dt \\ &= \int_0^\infty e^{-st}\dot{x}dt \\ &= e^{-st}x|_0^\infty + s\int_0^\infty e^{-st}xdt \\ &= -x(0) + sX(s) \\ &= sX(s) - x(0)\end{aligned}$$

$\mathcal{L}[\ddot{x}(t)]$

$$\begin{aligned}&\int_0^\infty \ddot{x}e^{-st}dt \\ &= \int_0^\infty e^{-st}\ddot{x}dt \\ &= e^{-st}\dot{x}|_0^\infty + s\int_0^\infty e^{-st}\dot{x}dt \\ &= -\dot{x}(0) + s[sX(s) - x(0)] \\ &= s^2X(s) - sx(0) - \dot{x}(0)\end{aligned}$$

⑦ Final - value theorem(최종치 정리)

최종치 정리는 제어시스템의 정상상태 응답을 구하는데 이용된다. 시간이 충분히 흐른 상태의 정상상태 응답은 시간이 무한대로 향할 때의 응답이라고 볼 수 있으며 다음과 같이 라플라스 변환으로부터 얻을 수 있다.

$$\lim_{t\to\infty} f(t) = \lim_{s\to 0} sF(s)$$

직선운동

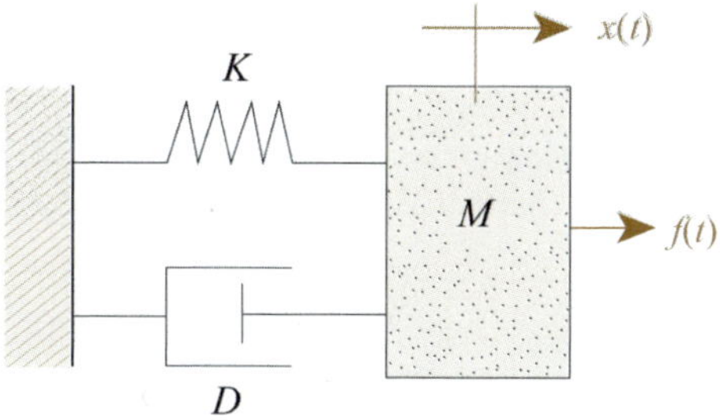

그림 B.4 질량-댐퍼-스프링 시스템

그림 B.4와 같이 질량 M을 가진 물체가 스프링과 댐퍼에 연결되어 있다. 힘 $f(t)$에 대하여 변위 $x(t)$의 운동은 $M\ddot{x}=\Sigma F$ 로부터 다음과 같이 얻어진다(스프링 힘과 댐핑 힘은 각각 Kx, $D\dot{x}$ 이므로).

$$M\ddot{x}(t) \;=\; f(t)-Kx(t)-D\dot{x}(t)$$

라플라스 변환(초기 변위, 속도 0)하여 정리하면

$$Ms^2X(s)+DsX(s)+KX(s)=F(s)$$

와 같이 얻어지며, 힘에 대한 변위의 전달함수는 다음과 같다.

$$G(s)=\frac{X(s)}{F(s)}=\frac{1}{Ms^2+Ds+K}$$

기어가 있는 회전운동

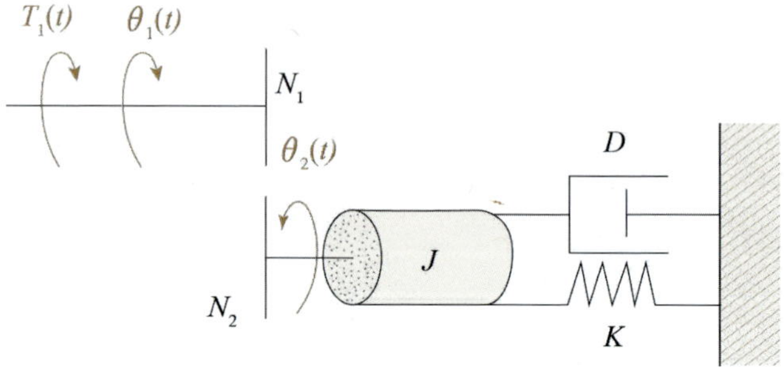

그림 B.5 기어 회전운동 시스템

그림 B.5와 같이 기어(N_1, N_2는 각 기어의 치수)를 통하여 회전운동을 전달하는 경우 가해진 토크에 대한 부하측의 회전각의 운동을 살펴보자. $J\ddot{\theta} = \Sigma T$이므로 감속기어에 의한 토크 증대와 댐퍼와 스프링의 토크를 고려하면

$$J\ddot{\theta}_2(t) \;=\; T_1(t)\frac{N_2}{N_1} - D\dot{\theta}_2(t) - K\theta_2(t)$$

로 얻어지며, 초기조건을 0으로 하고 라플라스 변환하여 정리하면

$$(Js^2 + Ds + K)\theta_2(s) = T_1\frac{N_2}{N_1}$$

와 같이 얻어지므로 입력 토크에 대한 회전각의 전달함수는 다음과 같이 구할 수 있다.

$$G(s) = \frac{\theta_2}{T_1} = \frac{N_2/N_1}{Js^2 + Ds + K}$$

한편, 그림 B.6과 같이 원동측과 부하측에 관성, 댐퍼 및 스프링이 존재하고 기어로 연결되는 대표적인 동역학적 모델에 대한 운동을 고려해 보자.

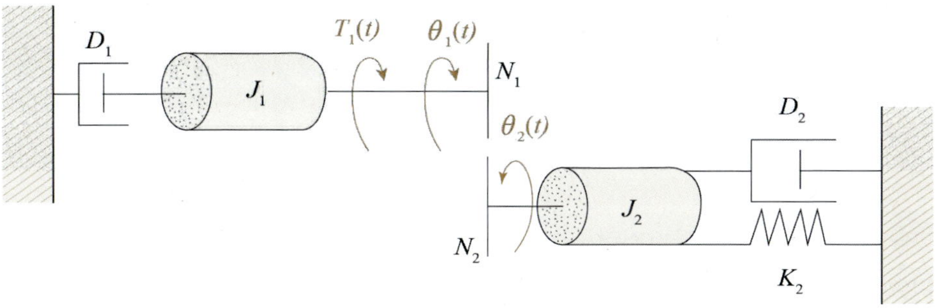

그림 B.6 동역학적 운동 시스템

부하 측을 기준으로 한 등가 관성, 등가 댐퍼, 등가 스프링은 각각

$$J_e = J_1(\frac{N_2}{N_1})^2 + J_2, \quad D_e = D_1(\frac{N_2}{N_1})^2 + D_2, \ \ K_e = K_2$$

이며, 입력 토크에 대한 부하 측 회전각의 전달함수는 다음과 같이 얻어진다.

$$G(s) = \frac{\theta_2(s)}{T_1(s)} = \frac{N_2/N_1}{J_e s^2 + D_e s + K_e}$$

DC 모터

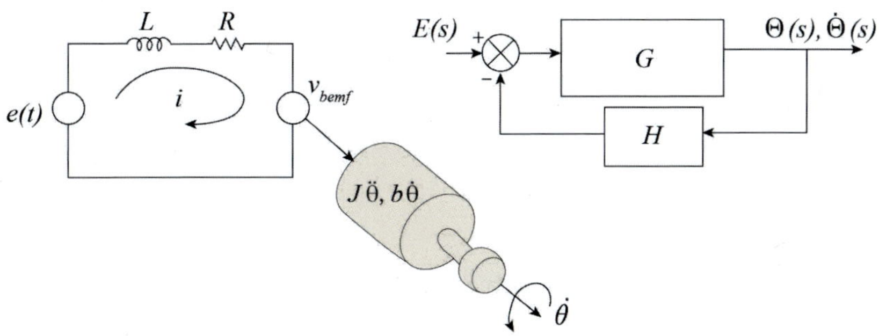

그림 B.7 DC 모터 모델

DC 모터는 전기 에너지를 기계적인 토크로 변환하여 모터에 연결된 부하 측에 전달하여 회전운동을 만들어내는 대표적인 전기－기계시스템이다. 그림 B.7과 같은 모터 모델의 전기회로에 대하여 전압방정식을 적용하면

$$e(t) - L\frac{di}{dt} - Ri - v_{bemf} = 0$$

과 같이 얻어지며, 역기전력(back electromotive force) $v_{bemf} = K_B\,\dot{\theta}$를 대입하고 라플라스 변환하면 다음과 같이 얻어진다.

$$E(s) - LsI(s) - RI(s) - K_B s\Theta(s) = 0$$

한편, 로터의 관성모멘트와 댐핑을 고려한 회전운동은

$$T_{bemf} = K_t i = J\ddot{\theta} + b\dot{\theta}$$

와 같이 얻어지며, 라플라스 변환하면 다음과 같이 얻어진다.

$$K_t I(s) = Js^2\Theta(s) + bs\Theta(s)$$

라플라스 변환된 위의 두 식으로부터 $I(s)$를 소거하여 정리하면

$$E(s) = \left[\frac{R(Js^2 + bs)}{K_t} + \frac{Ls(Js^2 + bs)}{K_t} + K_B s\right]\Theta(s)$$

와 같이 얻어지며, 모터 회로의 인덕턴스 L이 로터의 관성모멘트에 비해 매우 작은 것을 고려하면 다음과 같이 정리된다.

$$E(s) = \left[\frac{R(Js^2 + bs)}{K_t} + K_B s\right]\Theta(s)$$

따라서, 입력전압에 대한 회전각의 전달함수는

$$G(s) = \frac{\Theta(s)}{E(s)} = \frac{K_t}{R(Js^2 + bs) + K_t K_B s} = \frac{K_t/RJ}{s\left(s + \frac{b}{J} + \frac{K_t K_B}{RJ}\right)}$$

로 얻어지며, 입력전압에 대한 각속도($\Omega(s) = s\Theta(s)$)의 전달함수는

$$G(s) = \frac{\Omega(s)}{E(s)} = \frac{K}{(s + a)}$$

로 얻어지며, 여기에서 K와 a는 각각 다음과 같다.

$$K = \frac{K_t}{RJ}, \quad a = \frac{1}{J}\left(b + \frac{K_t K_B}{R}\right)$$

3 2차 시스템의 응답 특성(과도응답)

동역학적 모델링으로부터 얻어진 2차 시스템의 전달함수는

$$G(s) = \frac{\omega_n^2}{s^2 + 2\zeta\omega_n s + \omega_n^2}, \quad \omega_n = \sqrt{\frac{k}{m}}, \quad \zeta = \frac{b}{2\sqrt{km}}$$

와 같이 얻어지며(ω_n은 natural frequency, ζ는 damping ratio), 스텝입력에 대한 응답은 다음과 같이 얻어진다.

$$F(s) = \frac{\omega_n^2}{(s^2 + 2\zeta\omega_n s + \omega_n^2)} \frac{1}{s}$$

시간응답은 위 식을 부분분수 전개하여 라플라스 역변환하면

$$f(t) = 1 - e^{-\zeta\omega_n t}\left(\cos\omega_d t + \frac{\zeta}{\sqrt{1-\zeta^2}}\sin\omega_d t\right)$$

로 얻어지는데, 이는 지수감쇠와 정현파 항의 조합으로 구성되어 $0 < \zeta < 1$인 경우 다음 그림 B.8과 같은 전형적인 미흡감쇠(underdamped) 응답을 보인다.

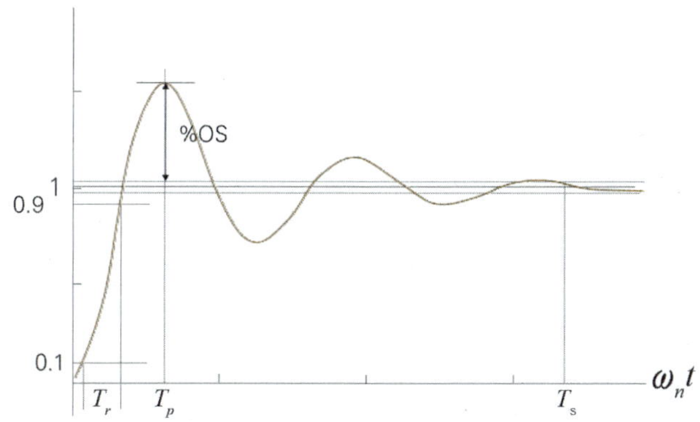

그림 B.8 2차 시스템의 미흡감쇠 응답

이때, 응답특성을 결정하는 피크타임(T_p), ±2% 정착시간(T_s), 퍼센트 오버슈트(% OS)는 각각 다음과 같이 얻어진다.

$$T_p = \pi / \omega_n \sqrt{1-\zeta^2}$$
$$T_s = 4 / \zeta\omega_n$$
$$\% OS = e^{(-\zeta\pi / \sqrt{1-\zeta^2})} \times 100\%$$

한편, 극점(pole)과 영점(zero)의 위치에 따른 응답특성을 살펴보기 위해 2차 시스템의 전달함수로부터 특성방정식의 근을 구하면

$$s^2 + 2\zeta\omega_n s + \omega_n^2 = 0,$$
$$s = -\zeta\omega_n \pm \omega_n \sqrt{\zeta^2 - 1}$$

과 같이 얻어지며, ζ값에 따라 특성방정식의 근(극점)의 위치가 달라지며, 과감쇠($\zeta > 1$: 두 개의 실수근), 임계감쇠($\zeta = 1$: 중근), 미흡감쇠($0 < \zeta < 1$: 두 개의 복소수 근), 무감쇠($\zeta = 0$: 두 개의 허근)로 구분된다. 이중에서 응답속도, 과도응답의 안정성 등을 고려해서 미흡감쇠 응답을 설계하게 되는데, 극점의 위치변화에 따른 응답특성의 변화를 그림 B.9 및 B.10에서 설명하고 있다.

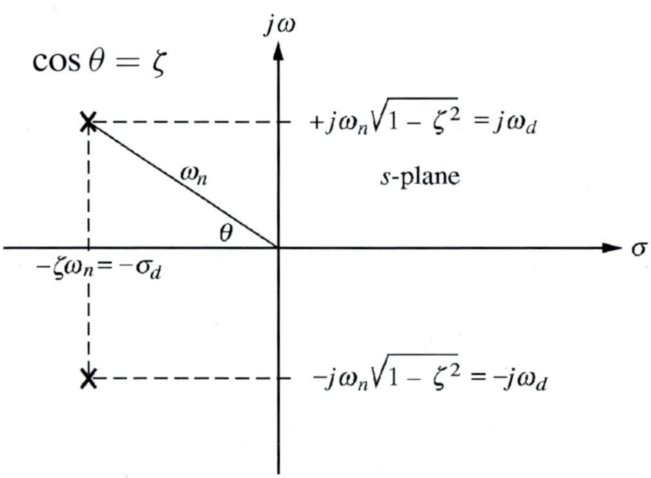

그림 B.9 과도응답과 극점의 위치

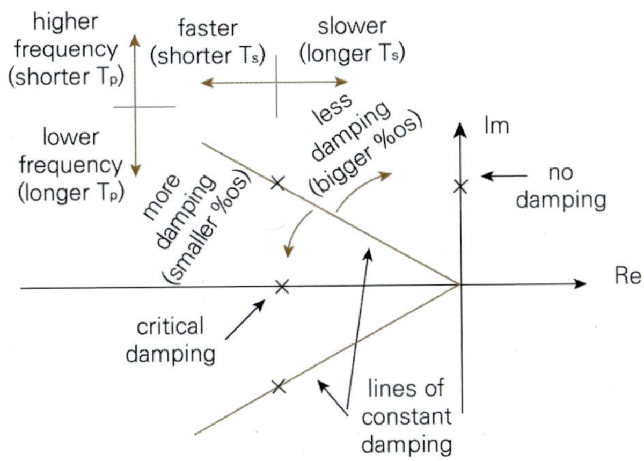

그림 B.10 극점 변화에 따른 응답 특성의 변화[3]

4 정상상태 오차

동적시스템의 응답은 과도응답(B.3)과 정상상태 응답으로 구성된다. 정상상태 응답은 시간이 충분히 흐른 후의 오차를 평가하게 되며, 최종치 정리를 이용한다.

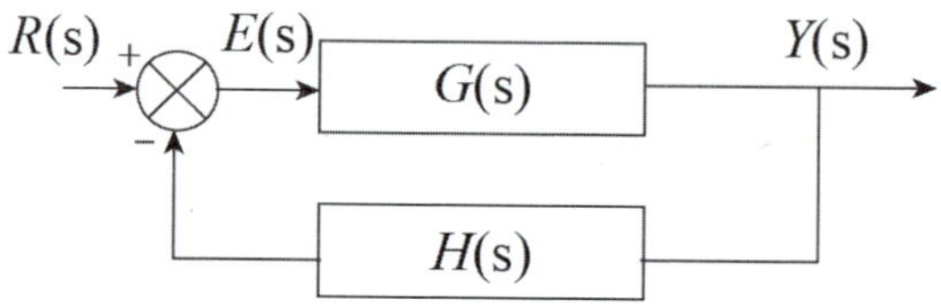

그림 B.11 피드백 제어시스템

그림 B.11의 시스템에 대하여

$$E(s) = R(s) - Y(s)H(s)$$
$$Y(s) = \frac{G(s)}{1 + G(s)H(s)}R(s)$$

위의 두 식으로부터

$$E(s) = \left(\frac{1}{1 + G(s)H(s)}\right)R(s)$$

를 얻을 수 있으며, 정상상태 오차는 최종치 정리에 의해 다음과 같이 얻어진다.

$$E_{ss} = \lim_{t \to \infty} e(t) = \lim_{s \to 0} sE(s) = \lim_{s \to 0} s\left(\frac{1}{1 + G(s)H(s)}\right)R(s)$$

위 식의 open-loop 전달함수 $G(s)H(s)$를

$$G(s)H(s) = \frac{K(\tau_a s + 1)(\tau_b s + 1)\ldots}{s^n(\tau_1 s + 1)(\tau_2 s + 1)\ldots}$$

과 같이 가정하면 분모의 n의 수(적분기에 해당)에 따른 오차를 평가할 수 있다.

스텝 입력($R(s) = \frac{1}{s}$)에 대한 오차를 평가하기 위해 $K_P = \lim_{s \to 0} G(s)H(s)$로 놓으면

$$E_{ss} = \frac{1}{1+K_P}$$

이 되어 $n=0$인 type 0 시스템의 경우 $K_P = K$가 되어

$$E_{ss} = \frac{1}{1+K}$$

이 되며, $n=1$인 type 1 시스템의 경우 $K_P = \infty$가 되어

$$E_{ss} = 0$$

이 된다. 따라서, 스텝 입력에 대해 정상상태 오차를 0으로 하기 위해서는 n이 1 또는 1보다 커야 함을 알 수 있다.

5 PID 제어

PID 제어는 다양한 분야에서 폭넓게 사용되고 있는 대표적인 피드백 제어기법으로, 오차에 비례한 동작(P action, Proportional controller), 오차의 시간 적분에 비례한 동작(I action, Integral controller), 오차의 시간적 변화율에 비례한 동작(D action, Derivative controller)의 조합으로 구성된다.

그림 B.12에 PID 제어기의 구성을 나타내고 있다. 현재의 오차에 비례한 수정동작(P action), 과거의 오차를 적산하여 offset을 제거하는 기능(I action), 미래의 움직임을 예측하는 기능(D action)을 가지고 있어 기능적인 면에서 빠른 응답과 함께 오차를 제거하면서 안정적인 제어결과를 기대할 수 있다. 또한 선형으로서 동작의 이론적 설명이 가능하고 구조가 간단하며 파라미터(gain)의 영향이 정성적이다. 플랜트나 시스템에 설치한 후에도 시행착오 과정을 통해 파라미터의 조절이 용이한 장점도 있다.

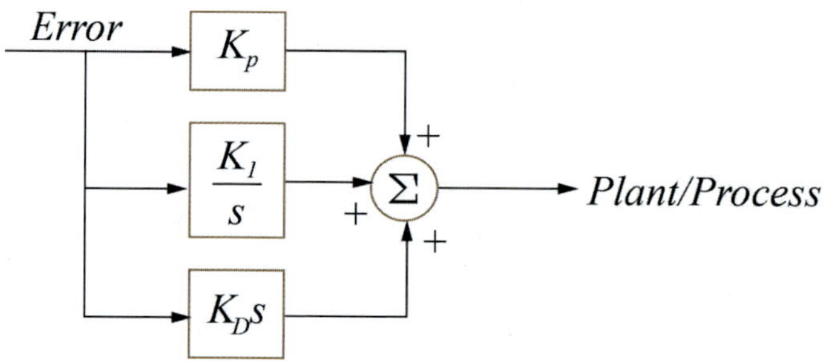

그림 B.12 PID 제어기 구성

그림 B.12와 같이 오차의 비례, 적분, 미분을 모두 포함하는 PID 제어기의 사용이 일반적이지만, 경우에 따라 PI 또는 PD 제어가 사용되기도 한다.

한편, 원하는 제어목적을 달성하기 위해서는 PID 게인(K_P , K_I , K_D)의 적절한 설정 및 튜닝이 필요한데, 대표적인 방법으로 Ziegler Nichols 방법(Limit

Sensitivity 기법, 스텝응답 기법), CHR 방법이 있으며, 실제 적용 현장에서 시행착오를 통하여 적절한 게인을 찾아가는 방법(Trial and Error 방법)이 활용되고 있다.

• 참고문헌 •

[1] B. Siciliano and O. Khatib, *Handbook of Robotics (2nd ed)*, Springer, 2016.

[2] Robotics Society of Japan, *Robotics Handbook (2nd ed)*, Corona, 2005. (in Japanese)

[3] Saeed B. Niku, *Introduction to Robotics: Analysis, Control, Applications (2nd ed),* John Wiley & Sons, 2011.

[4] Roland Siegwart, et al, *Introduction to Autonomous Mobile Robots (2nd ed)*, MIT, 2011.

[5] H. Harry Asada, *Introduction to Robotics*, MIT Lecture note.

[6] Sabri Cetinkunt, *Mechatronics*, John Wiley & Sons, 2007.

[7] David G. Alciatore, *Introduction to Mechatronics and Measurement Systems (5th ed)*, McGraw-Hill, 2019.

[8] Noramn S. Nise, *Control Systems Engineering (7th ed),* John Wiley & Sons, 2016.

[9] Giorgio Rizzoni, et al, *Principles and Applications of Electrical Engineering (6th ed),* McGraw-Hill, 2016.

[10] Randy Crane, *A Simplified Approach to Image Processing: Classical and Modern Techniques in C*, Hewlett-Packard Company, 1997.

[11] 문승빈 외, *지능형 로봇공학*, 사이텍미디어, 2010.

[12] 김진오 역, *기초로봇공학,* 성안당, 1999.

[13] 위키피디아 기술자료.

[14] 인아 Oriental motor 기술자료.

[15] Piezo Film Sensors Technical Manual, Measurement Specialties.

저자 약력

유 기 호

전북대 교수(로봇 및 모빌리티 전공)

전북대 미래항공모빌리티연구센터장

제어로봇시스템학회 학회지 편집장, 부회장 역임

알기쉬운 로봇입문

초판발행　　2025년 7월 31일

지은이　　유기호
펴낸이　　안종만 · 안상준

편　집　　탁종민
기획/마케팅　　최동인
표지디자인　　권아린
제　작　　고철민 · 김원표

펴낸곳　　(주) 박영사
서울특별시 금천구 가산디지털2로 53, 210호(가산동, 한라시그마밸리)
등록 1959. 3. 11. 제300-1959-1호(倫)
전　화　　02)733-6771
f a x　　02)736-4818
e-mail　　pys@pybook.co.kr
homepage　　www.pybook.co.kr
ISBN　　979-11-303-1973-5　93550

정 가　　18,000원